인디언과 바람의 땅

오클라호마에서
보물찾기

기쁨과 희망
사랑과 용기를
가득 안고
우리를 찾아온
영빈(永彬)에게

조규익 · 임미숙의 해외문화 답사기 ❷

인디언과 바람의 땅

오클라호마에서

보물찾기

조규익

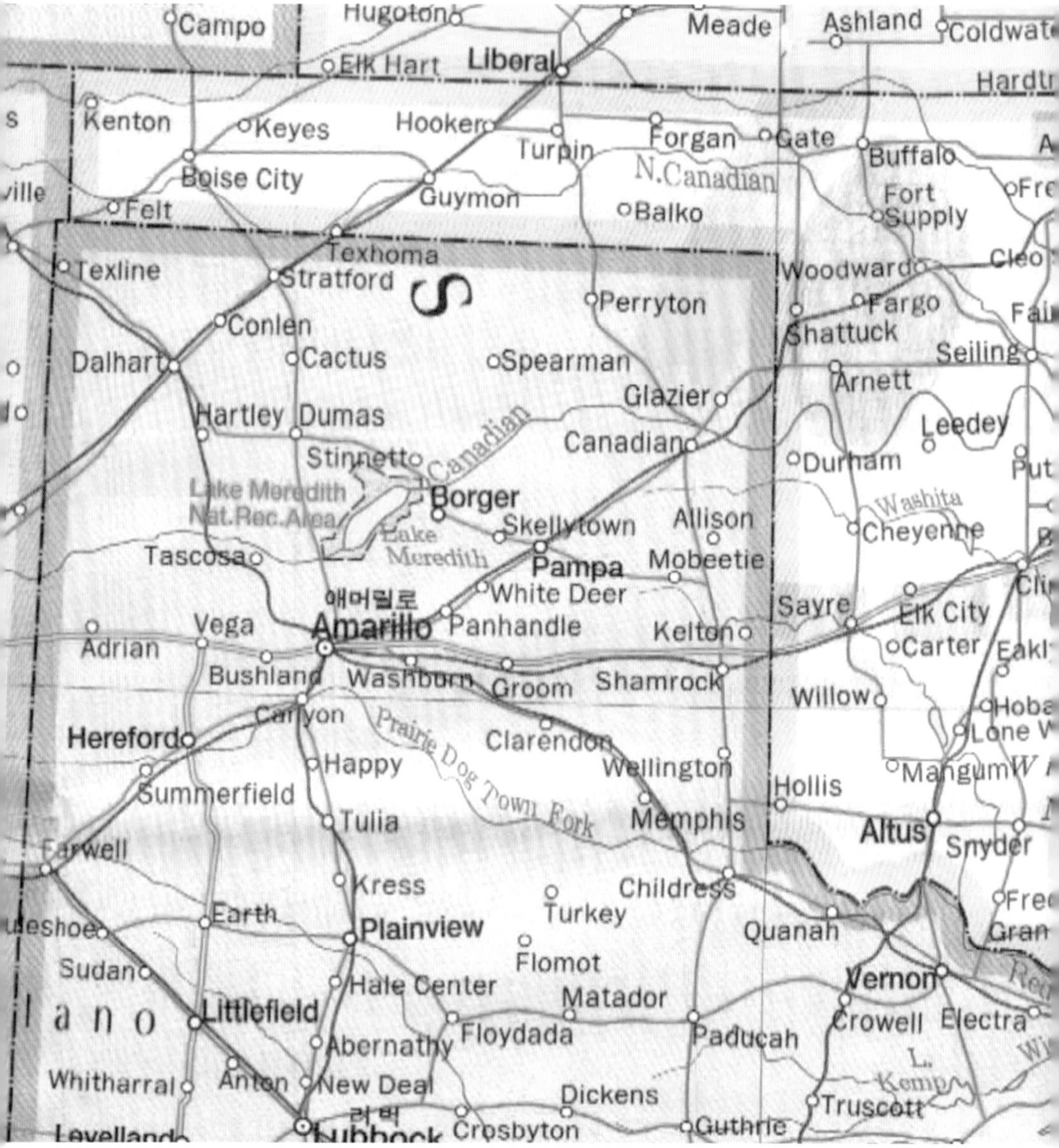
Campo
Hugoton
Meade
Ashland
Elk Hart
Liberal
Kenton
Keyes
Hooker
Turpin
Forgan
Gate
Buffalo
Boise City
N.Canadian
Guymon
Felt
Balko
Fort Supply
Texhoma
Texline
Stratford
S
Perryton
Woodward
Cleo
Fargo
Conlen
Shattuck
Dalhart
Cactus
Spearman
Seiling
Arnett
Glazier
Hartley
Dumas
Canadian
Leedey
Stinnett
Durham
Lake Meredith Nat.Rec.Area
Borger
Washita
Skellytown
Allison
Cheyenne
Lake Meredith
Tascosa
Pampa
Mobeetie
애머릴로
White Deer
Sayre
Elk City
Vega
Amarillo
Panhandle
Kelton
Adrian
Carter
Bushland
Washburn
Groom
Shamrock
Willow
Canyon
Prairie Dog Town Fork
Hereford
Clarendon
Happy
Wellington
Mangum
Summerfield
Hollis
Tulia
Memphis
Altus
Snyder
Farwell
Kress
Childress
Turkey
Earth
Quanah
Plainview
Flomot
Sudan
Vernon
Hale Center
Matador
Llano
Littlefield
Crowell
Electra
Floydada
Paducah
Abernathy
L. Kemp
Whitharral
Anton
New Deal
Dickens
Truscott
러벅
Crosbyton
Guthrie

Winfield
Parsons
Galena
Corbin
South Haven
Arkansas City
Coffeyville
Joplin
Quapaw
Grainola
Braman
Miami
Neosho
Tonkawa
Bartlesville
Cherokee
Ponca City
Nowata
Vinita
Anderso
Pawhuska
Oologah L.
Billings
Fairfax
Enid
Redrock
Ramona
Rogers
Lake O' The Cherokees
Waukomis
Perry
Sand Springs
Collinsville
Cleveland
Pryor
Siloam Springs
Hennessey
Stillwater
Claremore
Cimarron
털사
Tulsa
Hulbert
Mulhall
Perkins
Sapulpa
Westville
오클라호마
Haskell
Okay
OKLAHOMA
Muskogee
Braggs
Okmulgee
Bethany
오클라호마시티
Sallisaw
Oklahoma City
Henryetta
El Reno
Checotah
Fort Sm
Midwest City
Shawnee
Eufaula
Robert S. Kerr Res
Norman
Seminole
Eufaula Lake
Noble
Tecumseh
Wewoka
Canadian
Poteau
Blanchard
Purcell
Holdenville
Chickasha
McAlester
Wister
Alex
Wayne
Calvin
Red Oak
Hartshorne
Ouach
Cement
Ada
Savanna
Maysville
Pauls Valley
Wardville
Muse
Stonewall
Kiamichi
Duncan
Sulphur
Smithville
Cove
Hennepin
Atoka
Little
Broken Bow Res
Springer
Tishomingo
Walters
Ardmore
Antlers
Caddo
Waurika
Lake Texoma
Broken Bow
Hugo
Durant
Marietta
Idabel
Denison
Nocona
Sherman
Paris
Clarksville
Gainesville
Bonham

오클라호마 전도

도전과 힐링!

사실 도전과 좌절이야말로 인생을 엮어가는 날줄과 씨줄일 텐데, 그 좌절을 힐링으로 바꿔치기하는 세상의 지혜를 새삼 배우기로 한다. 도전을 통해 희망을 그리면서도 그 실현이 쉽지 않음을 깨닫고 좌절하거나 더 멋진 신기루를 찾아나서는 게 인간 아닌가. 지금 생각하면 나 역시 그러했다. 국문학도로서의 외길을 걸어오며 내 지적 능력이 허용하는 한계 안에서 자유로운 사유와 모색을 끊임없이 반복해왔고, 그것들이 바로 '도전과 좌절'이라는 최대공약수로 수렴된다는 사실을 최근 깨달았다. 그 과정에서 만난 내 분야의 블루오션이 '해외 한인문학'임을 발견했고, 몇 년간의 여행을 마친 후 최근 『CIS 지역 고려인 사회 소인예술단과 전문예술단의 한글문학』이란 책 한 권을 냄으로써 또 한 단계의 지적 모색과 방랑을 가까스로 마무리하게 되었다. 해외 한인들의 문학을 제외할 경우 한국문학사에 대한 내 나름의 비전을 실현시킬 수 없다는 깨달음을 통해 비로소 나의 대책 없는 방랑벽을 잠재울 수 있었다. 결국 15년 전 UCLA에서 만난 재미 한인문학을 이번 기회에 다른 차원으로 모색하고 싶다는 욕망과 도전의 결기(決氣)가 나를 추동하고 말았던 것이다.

***

2013년도 풀브라이트 재단의 지원을 받아 '풀브라이트 연구자(Fulbright Researcher)' 혹은 '풀브라이트 방문 학자(Visiting Fulbright Scholar)'라는 타이틀로,

선망하던 미국의 대학가를 다시 밟게 되었다. 15년 전 캘리포니아의 UCLA에서 나를 새로운 세계로 입사시켜 준 LG 연암재단의 해외연구교수 프로그램과는 또 다른 지적·학문적 탐색과 성장의 기회였다. 과연 1998년 이후 15년 동안 '모색과 수정', 아니 대책 없는 '지적 방랑'을 거듭해오던 연구도정에 내 나름의 새로운 이정표를 세울 수 있을까. 좀 겸허하게 마무리하자면, 인식의 깊이와 폭을 넓히려는 무작정의 새로운 도전보다는 그간 벌여놓은 너절한 공사판을 깔끔하게 정리하여 후배들과 담소를 나눌만한 언턱거리라도 만들어 놓는 것이 중요하리라. 아내와 함께 17시간 비행의 고통을 감내하며 오클라호마로 날아간 이유다.

***

그런 사유를 바탕 삼아 시도해본 새로운 모색 외에 오클라호마에서 덤으로 만난 것들이 많다. 사람, 자연, 도시, 제도, 역사, 문화 등등. 감고 있던 내 마음의 눈을 뜨게 한 모든 것들이 보물이었다. 그간 모르고 지내온 것들이 내 편견을 바로잡아 주었기에 보배로웠다. 그 중 인디언들과의 만남은 무엇보다 소중했다. 인종에 대한 편견과 무지에서 벗어나지 못한 나였음을 비로소 깨닫게 되었으니! 그들이 바로 역사의 거울에 비친 우리 모습이 아니겠는가. 인디언들과의 만남을 포함, 그 중 몇 가지만 추려서 이곳에 실어 놓기로 한다.

갑오년 가을
백규

스틸워터와 OSU,
그 안식과 탐구의 낙원

비행기에서 내려다 본 오클라호마 시티

스틸워터와 OSU, 그 안식과 탐구의 낙원

평온과 정밀(靜謐)의 오클라호마에 안착

2013년 8월 27일 오전 11시(한국 시각) 인천공항을 출발, 큰 원을 그리며 태평양 상공을 건넌 아시아나 항공 OZ236편은 27일 오전 9시 50분(미국 시각) 시카고의 오헤어 공항에 우리를 내려주었다. 내외국인들로 장사진을 친 가운데 두 시간이 넘는 검색과 입국 수속을 거친 오후 2시 30분. 드디어 오클라호마로 가는 작은 비행기에 몸을 실었고, 그로부터 두 시간 후 한적한 오클라호마의 윌 라저스 공항(Will Rogers World Airport)에 도착했다.

이곳에 도착하기까지 비행기에서 내려다보이는 오클라호마의 산하(山河)엔 '산'이 없었다. 끝없이 펼쳐진 평원 뿐. 수없이 가로 세로 직선으로 그어진 도로망은 마치 신의 솜씨인 듯 망망한 평원을 바둑판처럼 분할하고 있었고, 그 위로 부드러운 구름뭉치들이 한가롭게 떠다니고 있었다. 평화 그 자체의 정물화였다. 그 위에 어찌 토네이도의 폭력을 상상할 수 있단 말인가. 바닷가 모래사장에 한참동안 공들여 '이쁜' 성채를 만들어 놓은 어린아이가 갑자기 생겨난 심술로 마구 휘저어 놓듯, 인간의 눈 앞에서 조화를 부리고픈 신의 의지도 그렇게 작동되는 것일까. 한적하면서도 요새같이 든든하게만 보이는 공항의 화장

숙소(OSU 윌리엄스 아파트)

실 팻말 위쪽의 '토네이도 피난처(Tornado Shelter Area)'란 팻말을 보고서야 지난 5월의 악몽 같았을 토네이도의 현장이 바로 이 지역이었음을 깨닫게 되었다.

순식간에 짐을 찾은 뒤, 픽업 나온 OSU(Oklahoma State University: 오클라호마 주립대학교) 역사과의 두 교수(Dr. Yongtao Du)를 만난 것이 오후 5시 반. 그의 차로 한적한 길을 두 시간 가까이 달려 드디어 스틸워터에 도착했다. 오클라호마가 카우보이의 본산이지만, 그 가운데서도 스틸워터는 소떼를 몰던 카우보이들이 소들과 함께 코를 박고 물을 마시며 갈증을 지웠을 만한, 조용한 평원이었다. 시차로 감기는 눈꺼풀을 들어 올리며 두 교수 부부를 따라간 곳은 자신들의 홈 푸드를 대접하겠다며 데려간 중국음식점이었다. 그들의 호의와 성의에 크게 미치지 못하는 그곳 식당의 음식을 통해 '강남의 유자를 강북에 옮겨 심으면 탱자가 된다'는 속담을 새삼 확인하고 말았다. 잔디 곱게 깔린 구릉에는 나지막한 대학 아파트들이 널찍널찍 앉아 있었는데, 그 중에서도 조용한 곳이 바로 우리가 들어갈 윌리엄스 아파트(101 N. University Place Apt #1)였다. 낯선 숙소의 문을 열고 들어서기 무섭게 시차에 지친 아내는 곯아떨어지고, 나는 '평소의 나답게' 불면의 새벽을 맞아야 했다.

역사학과를 찾아

자동차와 전화기 문제를 해결하지 못했고, 한국에서 부친 짐을 받지 못했으며, 무엇보다 끔찍한 시차조차 극복하지 못한 상황이었지만, 마냥 숙소에 머물러 있을 순 없었다. 우리가 도착했음을 알고 있을 학과장 로간(Dr. Michael F. Logan) 교수나 학과의 비서 수잔(Ms. Susan Oliver)과 다이아나(Ms. Diana Fury)의 존재가 궁금하고 미안하여 견딜 수 없었다. 도착 직후 보낸 이메일을 읽지 않고 있음을 확인한 다음 답답증을 견디다 못해 수잔에게 전화를 하니 월요일은 근로자의 날이라 휴무란다. 이메일로 약속날짜를 잡는 등 제대로 된 의전(儀典)의 여유가 없는 상황. 우리는 집 앞으로 나가 대학 셔틀버스에 몸을 실었다.

원래(1890년 12월 25일) 농공대학[Oklahoma Territorial Agricultural and Mechanical (A&M) College]으로 출범한 대학이기 때문일까. 한낮 40도에 육박하는 햇살 아래 걷기 어려울 만큼 OSU의 규모는 크고도 넓었다. 어떤 지인의 말대로 한국에서 가장 넓은 캠퍼스를 자랑하는 K대학의 80배에 달한다니, 대학 자체가 말 그대로 하나의 타운인 셈이었다. 미국에서 들러 본 몇몇 대학들과 비교해도 월등했다. 인상적인 양식의 첨탑이 솟아 있는 자주색 지붕에 붉은 벽돌로 지어진 건물들이 질서 있게 늘어서 있고, 건물들 사이사이로 파란 잔디와 무성한 교목(喬木)들이 열기를 식혀주고 있었다. 그 사이로 오렌지색 티셔츠를 간편하게 걸친 학생들이 삼삼오오 지나고 있었다. 대체로 '파스텔톤-레드-옐로우-그

OSU 역사학과가 들어 있는 South Murray Hall[제9대 오클라호마 주지사이자
주 창설자들 가운데 한 사람인 William H. Murray의 이름을 땄음]

린'으로 어우러진 학교 전체의 색상은 파란 하늘과 아름다운 조화를 이루고 있
었다.

　지도를 보며 학과 사무실과 연구실이 있다는 머레이(South Murray)홀로 들어
가니 건물 바로 1층에 널찍한 학과 사무실이 있었고, 비서 수잔과 다이아나가
우리를 반겼다. 그런데 학과 사무실 바로 옆에 낯익은 내 이름의 팻말이 걸린
'참한 연구실'이 마련되어 있는 것 아닌가. 참으로 반갑고도 고마운 일이었다.
수잔이 건네 준 열쇠로 문을 따고 들어가니 카펫 깔린 방 안에 정갈한 책상과
책장, 컴퓨터와 전화기 등 각종 사무용 비품들이 세심하게 갖추어져 있고, 나
무 우거진 캠퍼스의 풍광이 한낮의 열기와 함께 창문 가득 밀려들고 있었다.

　연구실을 확인한 뒤 학과장실로 찾아가니 중후한 노신사 로간 교수가 환대
한다. 잠시 후 강의가 있다는 그와 환담을 나눈 뒤 우리는 연구실로 돌아왔고,

연구실 내부 모습   연구실의 명패

아내는 '이런 멋진 곳에 단 6개월만 체류하는 게 아깝다'고 내내 아쉬워하는 표정을 지었다. 그로부터 이곳에서의 내 연구 활동은 본격적으로 시작되었다.

학과 비서들과의 만남

작년 하반기에 풀브라이트 지원자로 선정된 다음 미국 내의 연구기관을 정하고 그 책임자로부터 초청장을 받는 일이 가장 먼저 해결해야 할 일이었다. 간간이 들려오는 토네이도 소식이 좀 걸리긴 했으나, 학교의 자매대학들 가운데 하나였을 뿐 아니라 한적한 중남부에 위치해 있다는 점에서 '연구와 힐링'을 겸할 수 있다고 본 오클라호마 주립대학은 망설일 필요가 없는 적지(適地)였다.

우리의 인문(과학)대학에 해당하는 OSU 'College of Arts and Sciences'의 브렛 학

장(Dr. Bret Danilowicz)에게 이메일을 보내자 하루 만에 쾌락의 응답이 왔고, 그로부터 일주일 만에 역사학과 학과장 로간 교수로부터 초청장이 도착했다. 그런데 그 초청장 가운데 가장 감동적인 내용은 '선생님께서 이곳에 머무시는 동안 우리는 선생님께 연구실, 비서의 지원, 컴퓨터와 인터넷 서비스 등을 제공하게 될 것입니다'(During your stay here, we will be able to provide you with and office space, secretarial support and computer and internet access)라는 요지의 약속이었다. 그중에서도 눈길을 끈 것은 '비서의 지원(secretarial support)'이란 말.

대학에서 '비서'는 으레 총장실에나 앉아 있는 묘령의 여직원으로 알고 있던 내 상식으로 '비서의 지원'을 제공하겠다는 로간 교수의 말은 묘한 감동과 호기심을 불러일으키기에 충분했다. 30년 가까이 한국에서 교수로 지내면서 제자 대학원생들이 대부분인 조교들로부터 업무 상의 도움을 받아오던 나로서는 학과 비서의 존재나 성격에 대하여 무지할 수밖에 없었다. 기억이 가물가물하지만, 우리나라에서 '하바드 대학의 공부벌레들'이란 제목의 책과 드라마로 번역·소개된 'The Paper Chase'가 한동안 대중의 인기를 끈 적이 있었다. 그 드라마의 주인공 킹스필드 교수(Dr. Kingsfield) 곁에 비서 노팅엄(Mrs. Nottingham)이 있었다. 외부인들 특히 학생들에게 타협을 모르던 고집스런 캐릭터였지만, 교수에겐 매우 충직한 비서였다. 이처럼 명비서 노팅엄[배우는 베티 하포드(Betty Harford)]의 존재 같은 간접자료를 통해 나는 겨우 미국 대학 학과들의 비서 상을 어렴풋이나마 파악하고 있었던 것이다.

이곳 역사학과의 비서는 수잔과 다이아나인데, 한국에 있을 때 나는 주로 수잔과 메일을 주고받았다. 이메일을 보내자마자 간결하면서도 자상하게 답신을 보내주던 그녀 덕분에 나는 준비과정의 많은 수고를 줄일 수 있었다. 그 과정에서 킹스필드 교수의 노팅엄을 잠시 잊은 채, 한결같이 '이쁘고' 붙임성 좋은 한국의 비서들만 상상하게 되었던 것이다.

사실 학교가 궁금하기도 했지만, 이곳으로 떠나오기 전 부친 짐의 배달과정에서 문제가 생겨 끙끙대다가 아무래도 학과 비서를 통해 알아보아야겠다는 계산으로 시차 적응도 안 된 사흘 만에 학과 사무실로 나가 수잔과 다이아나를 만났던 것이다. 그런데 그녀들은 노년이거나 중년에 가까워 보였다. 그 가운데 약간 젊은 수잔이 나를 배정된 연구실로 안내하면서 이런저런 설명을 했다. 그런데 그 태도가 자못 사무적이었다. 그 때서야 이곳이 미국이

학과비서 수잔과 다이아나(오른쪽)

고, 미국 대학의 학과들에는 노팅엄만 있을 뿐, '한국의 비서'들은 없음을 비로소 깨닫게 되었다. 내가 미국 우체국으로부터 받은 전화번호와 연락처를 주며 좀 알아봐 달라고 부탁하자 'Yes!' 하며 나가더니 돌아올 기미가 없었다. 한참을 기다리다가 하는 수 없이 학과 사무실에 가서 다이아나에게 수잔의 행방을 물은 즉 짐을 찾으러 우체국에 나갔다는 것이다.

아뿔싸! 엄청난 무게와 크기의 박스 두 개를 연약한 여성이 어찌 다룰 수 있단 말인가. 이곳 스틸워터의 지리에 어두웠던 나는 다만 내 짐이 어느 우체국에 보관되어 있으며, 어떤 방법으로 그것을 찾아야 하는지만 알고자 했으나, 그녀는 내 말을 듣자마자 해당 우체국으로 달려간 것이었다. 평소 조교에게 우체국 편지 심부름조차 시키길 꺼려하던 나인지라, 그 소식에 안절부절 못했다. 40만 원 이상의 탁송료가 들었던 박스 두 개의 중량이 미안함으로 내 마음을 짓눌렀다. 아무리 비서라지만, 첫 대면에 짐꾼 노릇을 명령한 셈이니, 마음이 편할 리 없었다. 남아 있던 다이아나에게 사실 내 의도는 그게 아니었노라고

구구하게 해명했지만, 그녀의 말은 간단했다. 'It's our task!'란다. 결국 수잔을 만나지 못한 채 우리는 집으로 돌아왔으나, 하루 뒤 다시 들른 내 연구실에는 태평양을 건너 온 박스 두 개가 참하게 앉아 있었다. 그리고 다시 만난 수잔, 박스에 대한 언급은 입도 뻥긋 아니 한 채 우리를 맞아 주는 게 아닌가.

그 해프닝을 통해 '제 할 일에만 충실한' 미국인들의 업무 철학을 어렴풋이나마 깨닫게 되었다. 연구실을 중심으로 일어나는 교수들의 일을 충실하게 거들고 해결해주는 것이 학과 비서들의 업무이고, 그것을 충실히 이행하는 것이 자신들의 본업임을 그들은 몸으로 보여주고 있었던 것이다. '그녀가 혹 생색이라도 내면 어쩌나?' 하고 걱정하던 내게, 그녀는 '사무실의 꽃'이 아닌 충직한 전문가로서의 존재의미를 120% 보여주고 말았다. 미국 도착 이후 내 인식의 한계가 심각하게 도전을 받은 첫 사례였다.

카우보이 풍의 노신사, 학과장 로간 교수와의 만남

역사학과 학과장 로간 교수는 외견상 전형적인 카우보이 스타일의 노신사였다. 그러나 직접 만나보고 나서야 황야를 주름잡던 카우보이의 활력보다는 아주 온화하면서도 부드럽고 생각이 깊으며 카리스마 넘치는 서구 신사의 기풍을 느끼게 되었다. 무엇보다 맘에 든 것은 그가 구사하는 영어가 매우 느리면서도 분명하다는 것. 그래서 누구보다 대화하기 편했다.

미국으로 떠나오기 전 한국에서 만난 미국인 교수 크리스 선생이 말하기를 '오클라호마는 미국 중남부의 시골이므로 대부분의 사람들이 느릿한 그곳 방언을 쓸 것'이라고 나를 안심시켰지만, 실제로는 그렇지 않았다. 내가 만난 이곳 사람들(주로 대학에 근무하는 직원들이나 학생들)은 얼마나 빠른 속도로 말들을 뱉어내는지 그들의 말을 따라가기가 벅찬 나날이었다. 그런 사람들만 만나다가 로간 교수를 만나면서 비로소 편안함을 느끼게 되었고, 상대방을 피곤하게 하거나 편안하게 하는 데 말하는 방식이 얼마나 중요한 역할을 하는지 비로소 깨닫게 되었다. 한국에서도 나는 크리스 선생에게 자주 '제발 말 좀 천천히 하라'고 다그치곤 했는데, 그는 그런 지적을 받을 때만 좀 천천히 하는 척 하다가 잠시 후에 보면 아스팔트길의 오토바이 달리듯 저 혼자 내빼곤 했다. 그런 성향은 요즘 한국의 젊은이들에게서도 자주 목격할

로간 교수 연구실에서

수 있다. 특히 여학생들이 모여 수다 떠는 현장을 보고 듣노라면 우리말도 영어 못지않게 요란하고 빠르다는 느낌을 받는다. 우리말이든 영어든 자꾸만 빨라지게 된 것은 아마도 매사 빠름만을 숭상하는 시대의 산물일 것이다. 어쨌든 말하는 방식으로만 따져도 로간 교수는 매력적인 인물임에 틀림없었다.

재작년 겨울 초청장을 보내온 것을 기점으로 로간 교수와의 접촉은 시작되었다. 내가 보내는 이메일마다 따뜻한 답장을 보내주곤 하던 그의 도타운 자세와 마음이 내 마음을 훈훈하게 했다. 특히 초청장에 담긴 호의는 특별한 면이 있었다. 자기소개서와 이력서, 연구계획서만으로 생면부지의 다른 나라 학자에게 그런 호의를 보여주기란 쉽지 않기 때문이다. 미국사 전공인 로간 교수는 특히 근대 미국의 서부, 도회(都會)지역, 환경 분야 등에 특별한 관심을 갖고 있었다. 그런 관심이 학문적으로 승화되어 『사막 속의 도시들: 피닉스와 투싼의 환경사』, 『줄어드는 물길: 산타크루즈강의 환경사』, 『스프롤 현상(도시 개

발이 근접 미개발 지역으로 확산되는 현상)에 대한 투쟁과 시청: 남서부 지역 도시의 성장에 대한 저항』 등의 주목할 만한 저서들과 「도시 비평으로서의 탐정소설: 변화하는 장르의 인지(認知)」를 비롯한 많은 논문들이 일관되게 도시 개발, 환경파괴 등 현대의 문제적 현상들을 역사적 관점에서 다룬 노작들이었다. 말하자면 세계 초강대국 미국의 '도시화와 환경보존'이란 이율배반적 어젠더를 역사적 관점에서 다루고 있다는 점에서 늘 좌우 이념적 대립만을 유일한 화두로 안고 끙끙대는 우리나라 일부 역사학자들이 귀감으로 삼아야 할 표본일 수 있다는 것이 내 생각이다.

첫 만남에서 우리 사이에 큰 공감영역이 있음을 확인하게 되었다. 나는 OSU 역사학과와 영문학과 교수들을 자주 만남으로써 그들로부터 다양한 비전을 얻고자 한다는 뜻을 강조했고, 그는 내가 그동안 추구해온 문학 연구 상의 역사적 관점을 알고자 했다. 비록 짧은 기간이지만, 이곳에 체류하는 동안 이곳 패컬티 멤버들과의 많은 대화를 통해 시대와 지역, 분야를 초월하는 '보편지(普遍知)'의 탐구에 매진하고 싶었다. 굳이 영문과 아닌 역사학과를 선택한 것도 바로 그런 이유 때문이었다. 로간 교수와의 만남을 통해 그런 가능성을 발견하게 된 것은 큰 소득이었다.

브렛 학장(Dr. Bret Danilowicz)과의 만남

재작년 12월 6일, 풀브라이트에서 연구 기간 동안 체류할 미국 내 기관의 지정을 요구해 왔다. 잠시 고심한 끝에 OSU의 역사학과로 결정했고, 그 학과가 속해있는 인문과학대학(College of Arts and Science)의 브렛 학장에게 이메일을 보냈다.

풀브라이트로부터의 '연구 수혜자 선정 통보' 서한과 함께 이력서, 연구 활동 경력, 연구업적, 연구계획서 등이 포함된 커리큘럼 바이티(Curriculum Vitae)

를 첨부하여 학장의 협조를 부탁드린
다는 것이 그 메일의 내용이었다. 메
일을 보낸 뒤 이틀 만에 브렛 학장은
답장을 보내왔다.

'우리는 풀브라이트 연구 활동을 위
해 당신이 OSU로 오시고자 하는 일을
토의했다는 것, 수혜기간 동안 당신을
모시게 되어 영광이라는 것, 당신을 공
식적으로 초청하기 위해 역사과 학과
장인 마이클 로간 박사가 초청장을 보
내게 된다는 것, 나는 당신으로부터 받

브렛 학장 집무실에서

은 이메일을 로간 박사에게 포워딩했으므로 구체적인 초청장을 만들기 위해 그
가 앞으로 당신과 접촉하게 된다는 것, 그의 초청장이 완성되면 당신에게 발송하
기 전에 학장인 나와 대학의 교무처장으로부터 승인을 받게 된다는 것, 그리고
DS 2019를 받기 위해 국제 교육연구소(IIE)와 함께 일을 처리한다는 것' 등을 상
세하게 적은 뒤, '당신이 풀브라이트 연구 활동을 위해 이곳에 온 뒤 뵙게 되기를
기대한다'는 인사를 덧붙인 메일이었다. 그 뒤로 몇 번이나 이메일을 주고받았
으나, 그 때마다 그의 메일 내용이나 표현은 참으로 정중하면서도 곡진했다.

이곳에서의 생활이 안정될 즈음, 그에게 이메일을 보냈다. 보내자마자 반가
움을 가득 담아 답장을 보내왔고, 비서를 통해 날짜와 시간을 정한 다음, 우리
는 그의 집무실에서 만났다. 수인사를 나누고 나서 그는 내 귀에 대고, '당신의
퍼스트 네임 Kyuick을 어떻게 발음하면 되는가요?' 라고 물으며 호탕하게 웃는
것이었다. 아마도 이메일을 받을 때마다 고심한 듯 했다. 내가 '규익이라고 발
음하는데, 아마 외국인들은 어려울 것'이라고 대답하곤, 나도 '학장님의 라스

트 네임 Danilowicz는 그럼 어떻게 발음해야 하느냐고 물었다. 나도 사실은 그 이름을 발음하기 어려웠기 때문이다. 그 역시 '내 이름을 발음하는 것도 보통 어려운 게 아니다'며 직접 발음을 해 주는데, 'wi'를 동유럽식인 '뷔'로 발음하는 것 아닌가.

사실 이곳에 온 뒤 로간 교수에게 그 발음을 물었더니 내가 원래 추정한 대로 '대닐로위츠'라 알려 주길래 그렇게 알고 있었는데, 본인은 약간 다르게 발음하는 것이었다. 그 점을 지적하자 학장은 여긴 미국이니 미국식으로 발음해도 괜찮다며 또 한바탕 웃고, 나도 오랜만에 크게 입 벌려 웃고 말았다.

서로간의 이름을 두고 시작된 환담은 커피를 앞에 놓은 채 30여분이나 계속되었다. 주로 한국의 대학제도에 관한 물음, 내 연구계획에 관한 물음, 미국에서의 생활에 대한 물음 등이 핵심이었고, 내가 하기로 되어 있는 특강시간을 알려주면 꼭 참석하겠노라는 약속까지 덧붙이는 것이었다.

그의 전공은 동물학(zoology)이었다. 시라큐스 대학 학부에서 생물학을 전공(부전공은 컴퓨터 사이언스)했고, 듀크 대학에서 동물학 박사학위를 받았으며, 조지아남부대학에서 MBA를, Open University에서 교육학 석사학위를 받는 등 다양한 전공으로부터 많은 조예를 갖춘 폭넓은 학자였다. 캐나다 온타리오의 윈저 대학에서 연구생활을 했고, 아일랜드 더블린 대학교의 패컬티 멤버로서 부학장직을 역임하기도 했으며, 가장 최근에는 조지아 남부대학교 과학대학의 부학장과 학장직을 수행하기도 한 대학 학문행정의 달인이었다. 뿐만 아니라 이미 1천만 불에 달하는 연구프로젝트로 아이슬란드에서 프랑스령 폴리네시아에 이르는 지역의 연구를 수행한 현장 연구자이기도 했다.

참 편안했다. 로간 교수보다는 빨랐지만, 분명하여 듣기에 부담 없는 영어를 구사했으며, 웃음이 많고 공감영역이 넓은 신사였다. 학문이나 행정, 연구프로젝트 등 모든 면에서 특출한 경력을 갖춘 대학행정의 책임자답게 인간적인

연구실에서 내려다 본 OSU 쎄타폰드(Theta Pond)의 아름다운 모습

폭과 깊이를 갖추고 있었으며, 그러면서도 치밀하여 한 치의 허술함도 찾을 수 없었다. 미국 대학들의 경쟁력은 브렛 학장 같은 인물들을 통해 형성된다는 사실을 깨달으면서 좀 더 분발해야겠다는 자성(自省)을 새삼 하게 되었다.

평원 속 지성의 오아시스, OSU에서

미국 내에서의 연구기관을 오클라호마 주립대학으로 정했다고 하자, 한국 풀브라이트의 심재옥 단장은 '참 잘한 결정'이라고 나를 추어주었다. 미국 내에서 그 학교만큼 친절하고 협조적인 기관도 드물다는 것이었다. 그 말을 듣고 나서야 오클라호마 주와 오클라호마 주립대학에 대해서 눈곱만큼의 사전 정보나 지식도 없었던 나로서는 적이 안심이 되었다.

도착 후 뙤약볕 내려 쬐이는 캠퍼스를 걸어보니, 소떼 노니는 초원인 듯 한없이 넓었다. 방문한 사무실의 직원들도, 교정에서 만나는 학생들도 모두 친절해서 마음이 놓였다. 따가운 햇살만 아니라면 시차로 인해 무거워진 눈꺼풀을 닫은 채 마냥 걷고 싶은 공간이었다. 듬성듬성 세워놓은 갖가지 양식의 건축물들도 고풍스럽고 따스해 보였다. 사우스 머레이홀(South Murray Hall)과 스튜던트 유니온(Student Union) 사이에 있는 쎄타 폰드(Theta Pond). 그 안에서 살아가며 이방인이 나타나도 무서워하지 않고 '꽉꽉' 거리며 다가오는 기러기와 오리들도 정겨웠다. 그렇게 깨끗하고 아름다운 환경, 친절한 사람들, 고풍스런 건축물들이 잘 어울려 친근미를 자아내는 OSU에서 꿈같은 한동안을 지내게 된 것이었다.

OSU는 이른바 '랜드 그랜트(land-grant), 선 그랜트(sun-grant)' 대학이었다. '랜드 그랜트 대학'이란 '정부가 무상으로 제공한 토지에 세운 대학'을 뜻하는 말이다. '랜드 그랜트 대학'에 대한 지원은 1862년에 제정된 모릴법(Morrill Acts) 즉 '대학에 대한 연방 토지 허여법(許與法)'에 근거한다. 연방이 각 주에서 선출된 상하원 의원 1명당 3만 에이커의 나라 땅을 무상으로 주고, 그 토지 수익의 90%를 농학이나 공학 관련 강좌가 개설되어 있는 주립대학의 발전 기금이나 유지비로 사용할 수 있도록 한 것이 모릴법이다. 1890년과 1907년에는 기존의 모릴법에 의해 지원을 받는 모든 대학들에 의회가 직접 보조금을 교부하는 내용이 추가되기도 했다. '선 그랜트 대학'이란 '지속 가능하고 환경 친화적인 생태 기반의 대안 에너지를 연구 개발하는 대학'을 뜻한다. '선 그랜트 계획'의 지역 중심 역할을 수행하는 다섯 개의 미국 대학들이 모여 '선 그랜트 연합'이 결성되었고, 그 연합은 교통부·에너지부·농업부 등을 파트너로 삼아 연구·교육 활동을 펼친다. 오클라호마 주립대학을 비롯, 코넬 대학교(Cornell Univ.), 오레곤 주립대학교(Oregon St. Univ.), 사우스 다코타 대학교(South Dakotat Univ.), 녹스빌의 테네시 대학교(Univ. of Tennessee at Knoxville) 등 다섯 대학들은 각각 '선 그랜트'에 기반을 두고 있는 기관들이라고 했다.

1890년에 세워졌고, 2012년 기준으로 23,459명의 학생들과 1,857명의 직원이 속해있는 OSU는 스틸워터 캠퍼스만 해도 1,489 에이커(6.03㎢)에 이를 만큼 넓었다. 캠퍼스 안 어디에서나 피스톨을 찬 카우보이[피스톨 페테(Pistol Pete)]의

Oklahoma A&M 시절의 첫 대학건물인 Old Central. 현재는 College of Honors의 건물

OSU Student Union 건물

▲ OSU 카우보이 팀의 마스코트
피스톨 페테(Pistol Pete)
◀ 피스톨 페테의 모델인
프랭크 이튼(Frank Eaton)

사진과 마스코트를 볼 수 있었으며, 풋볼을 비롯한 각종 경기 중에도 피스톨 페테의 분장을 한 인물이 그라운드에 나타나 분위기를 띄우곤 했다. 함께 풋볼을 관람한 제이슨으로부터 피스톨 페테의 연원을 들을 수 있었다. 피스톨 페테는 OSU, 뉴멕시코 주립대학, 와이오밍 대학교가 함께 사용하는 운동경기의 마스코트였다. 피스톨 페테는 프랭크 이튼(Frank Eaton)을 닮은 전통적인 카우보이의 의상과 모자를 착용하고 있는데, 그의 형상이 OSU 카우보이 팀의 마스코트로 쓰이기 시작한 것은 1923년부터라고 했다.

OSU가 원래 '오클라호마 지역 A&M 대학(Oklahoma Territorial Agricultural and Mechanical College)'으로 출발할 당시 이 대학의 스포츠 팀은 'Agriculturists, Aggies, Farmers' 등으로 불렸고, 사실 그다지 인기는 없었지만 공식명칭은 'Tigers'였다. 그러다가 1923년 경 Oklahoma A&M은 스틸워터의 '양떼 행진(Sheep Parade)'을 인도하던 프랭크 이튼을 새로운 마스코트의 모델로 삼아 기존의 호랑이 마스코트를 바꾸게 되었다는 것이다. 그렇게 1923년부터 프랭크 이튼은 Oklahoma A&M의 마스코트로 계속 쓰였는데, 1958년에 이르러 OSU는 이것을 공식적인 상징으로 인정했다 한다.

1860년 코네티컷 주에서 태어나 캔자스로 이주한 프랭크 이튼은 여덟 살에 아버지를 잃었다. 당시 자경단원이었던 그의 아버지가 남북전쟁 당시 남부 연합군 소속의 잔당 6명에 의해 맥주 집에서 저격당한 것이었다. 그 후 아버지 친구의 충고에 따라 열심히 권총사격 연습을 하여 결국 원수를 갚았고, 그 후로부터 그의 영웅적 행적은 전설로 남게 되었다고 한다.

피스톨 페테의 모습이 가장 강렬하게 등장하는 이벤트는 스포츠 경기들과, 홈커밍(OSU's Homecoming Celebration)을 포함한 각종 축제들이었다. 9월부터 시작되는 1학기 초부터 기숙사별로 학생들이 단결하여 홈커밍을 준비하는 모습을 볼 수 있었다. 프래터너티(fraternity)와 소라러티(sorority) 즉 남녀 사생(舍生)들은 기숙사별로 모여 아이디어를 내고 기숙사 안팎을 치장하는 등의 화려한 축제를 통해 단결심을 고취하고 있었으며, 그런 유대관계는 졸업 후에도 끈끈하게 지속된다고 했다. 홈커밍데이의 전통과 함께 OSU는 놀랄만한 스포츠 유산들을 보유하고 있었고, 대부분의 학생들은 그 점에도 큰 자부심을 갖고 있었다. 시즌 중 거의 매 주말은 '게임 데이(game day)'였고, 하루 전부터 재학생 · 동문 · 주민들이 경기장에 총출동하다시피 함으로써 평소에 조용하던 시가지는 아연 활기를 띠곤 했다.

게임데이는 실질적으로 '스틸워터의 도시축제'인 셈이었다. 6만 명(혹자는 7만명이라 함)을 수용하는 '분 피켄스 스테이디엄(Boone Pickens Stadium)'은 그야말로 입추의 여지가 없을 정도였고, 응원의 함성으로 천지가 진동하는 듯 했으며, 캠퍼스 안의 잔디밭과 도로변의 공터는 외지에서 온 관객과 응원단의 텐트장으로 바뀌곤 했다. 거대한 RV(Recreational Vehicle)들과 관객들의 승용차가 시내 공용 주차장들을 점령하고, 주차장으로부터 경기장까지는 무료 셔틀버스들이 수시로 왕래했다. 이처럼 풋볼, 농구, 여자 축구, 야구, 레슬링, 테니스, 크로스컨트리 등 다양한 종목의 스포츠들이 캠퍼스 안에서 활발한 모습으로 공존하고 있었다. OSU는 51개나 되는 국내 선수권 챔피언십을 보유함으로써 미국 대학 경기 연맹(NCAA: National Collegiate Athletic Association)의 최상위 그룹인 1그룹(Division 1) 351개 대학들 중 4위에 속하고, 아이오와 · 캔자스 · 오클라호마 · 텍사스 · 웨스트 버지니아 주를 포괄하는 '빅 12 경기 협의회(Big 12 Conference)' 소속 10개 대학들 중에서는 1위에 올라 있었다.

그 뿐 아니라 캠퍼스 한 쪽에 서 있는 '국립 레슬링 명예의 전당 박물관(National Wrestling Hall of Fame and Museum)'은 미국 전역에서 배출된 역대 레슬링 선수들의 모든 것들을 보여주고 있었는데, 링컨도 루즈벨트도 슈워츠코프도 레슬링 선수출신이라는 사실을 이곳에서 비로소 알게 되었다. 이 명예의 전당은 단순히 '힘깨나 쓰는 장사'로 사람들의 입에 오르내리다가 잊히는 한국과 달리 오래도록 명예가 드높여지고 보존됨으로써 미국의 힘과 지혜를 느낄 수 있도록 만들어진 공간이었다. 그러나 OSU 스포츠의 장점이 스타플레이어들의 '엘리트 스포츠 종목'에만 있는 것은 아니었다. 구성원들의 건강관리와 유지 및 치료를 위해 세운 종합 스포츠관 콜빈 센터(Colvin Center)와 세레티안 웰니스 센터(Seretean Wellness Center), 크로스 컨트리 경기장, 잔디 축구장, 테니스장 등 캠퍼스 안 곳곳에 설치되어 있는 운동 공간들은 대중 스포츠의 현장이었다. 구성원이면 누구나 이용할 수 있는 이런 시설들은 대학이 엘리트 스포츠 아닌 대중 스포츠에 투자를 많이 하고 있음을 보여 주는 증거들이었다. OSU 스포츠의 대단한 모습은 이러한 대외 경기력 뿐 아니라 일반 학생들을 위한 생활스포츠에서도 두드러졌다.

1890년 12월 25일 오클라호마 의회가 모릴법에 의거하여 개교한 '오클라호마 A&M 대학'은 개교 이래 많은 변화와 발전들을 거쳐 1957년 5월 15일 오클라호마 주립대학(Oklahoma State University)으로 변신했고, 스틸워터를 그 본거

풋볼 경기중 열광적으로 응원하는 OSU의 재학생 및 동문, 시민들

▲ 홈커밍데이의 기숙사 치장이 거의 끝난
　남학생 기숙사의 야간 모습
▶ 홈커밍데이를 맞아 자신들의 기숙사를 치
　장하는 작업에 열중하는 여학생들

OSU의 새로운 학생기숙사

지로 삼게 되었다. 그 과정에서 스틸워터 이외에 'OSU-오크멀기 기술연구소 (OSU-Institute of Technology in Okmulgee)' (1946), 'OSU-오클라호마 시티(OSU-Oklahoma City)' (1961), 'OSU-털사(OSU-Tulsa)' (1984), 'OSU-건강연구소, 털사 (OSU-the Center for Health Sciences-Tulsa)' (1988) 등의 분교들을 거느리게 됨으로써 명실상부하게 이 지역을 대표하는 대학으로 자리 잡게 된 것이다.

스틸워터의 OSU 캠퍼스는 '농업과학과 자연자원 대학[College Science and Natural Resource(CASNR)/농업경제학(Agricultural Economics), 농업경영학(Agribusiness) 등 16개 전공]', '인문과학대학[College of Arts and Science(CAS)/영어(English), 역사 (History) 등 24개 학과]', '교육대학[College of Education(COE)/초등교육(Elementary Education), 직업기술교육(Career and Technical Education) 등 29개 프로그램]', '공학ㆍ건축ㆍ기술대학[College of Engineering, Architecture, and Technology(CEAT)/소방안전기술(Fire Protection and Safety Technology), 산업공학과 경영학부(School of Industrial Engineering and Management) 등 13개 학부]', '인문대학[College of Human

Sciences(HS)/디자인학과(Department of Design), 호텔 식당경영학부(School of Hotel and Restaurant Administration) 등 4개 학과]', '스피어스 경영학부[Spears School of Business/금융학과(Department of Finance), 마케팅학과(Department of Marketing) 등 7개 학과]' 등 6개 대학 200여 전공으로 구성되어 있었다.

스틸워터의 전체면적은 73.3㎢였고, 그 중 다운타운의 면적은 ⅛이 채 안 되는 듯 했으며, 6.03㎢에 달하는 OSU는 다운타운으로 감싸인 방사상 구조를 이루고 있었다. 현실적으로 미국 내 대학들 가운데 OSU의 서열이 어떠하든, 동부나 서부의 전통적인 명문대학들과 비교하여 그 수준이 어떠하든, 스틸워터를 비롯한 오클라호마 주민들은 OSU에 대하여 진정어린 자부심을 갖고 있는 점이 이채롭고 감동적이었다. 서울과 지방 대학들 간의 서열을 따지고, 같은 지역 안에서도 대학 간의 서열을 따지며, 같은 대학 내에서도 학과 간의 서열을 따지거나 차별하는 우리나라의 현실과 비교하면 참으로 놀라운 일이었다. 그들에게 OSU는 오클라호마를 대표하는, '우리 대학'이라는 의식이 강했다. 아름답고 깨끗한 자연 속에 평화로운 모습으로 늘어서 있는, 나지막하고 고풍스런 건물들이 OSU 캠퍼스의 역사와 문화를 보여주고 있었다. 밤을 새워가며 공부하고, 가끔 체육관으로 몰려가 'Go Pokes!'를 목청껏 외치며 OSU Cowboys들을 응원하는 세계의 인재들이 그 공간에 열기를 불어넣고 있었다. OSU에 머물며 미국 대학들의 경쟁력과, 그로부터 나오는 미국의 힘을 실감하게 된 것도 그 때문이다.

역사학과 학생들을 위한 특강을 마치고: 한국의 이미지를 새것으로!

이곳에 도착하면서 아시아사를 가르치는 Du 교수가 한국사에 관한 내용들을 수시로 물어왔다. 이것저것 설명해주면서 '한국사 부분은 내가 가르칠까?'

라고 농을 건넸더니, 그 말을 진짜로 알아듣고 이곳 생활이 겨우 안정되어갈 즈음 신라사 부분을 강의해줄 수 있느냐고 제의해왔다. 그러나 신라를 비롯한 고대사 부분에 대한 지식이 지극히 얇은 탓에 강의안을 마련하려면 아주 많은 시간과 정력을 투자해야 했다. 그래서 나름대로 자신 있다고 생각해온 여말선초, 특히 신흥사대부의 출현이나 국초의 분위기와 결부시켜 건국 서사시 〈용비어천가〉에 대한 특강을 해주겠노라 역으로 제의하였다.

강의실에 들어가니, 30여명의 수강생들 가운데 한국 유학생 1명과 중국 유학생 2~3명을 제외하고 약간이라도 한국을 아는 학생들은 거의 없는 듯 했다. 사실 이 점은 이곳의 기성세대도 마찬가지였다. 직접 한국전에 참가했거나 참전한 부친으로부터 얻어들은 정보가 전부인 퇴역군인들을 이곳에서 만난 적이 있는데, 그들 대부분이 갖고 있는 한국 이미지 역시 '6·25 당시'의 그것으로부터 한 발짝도 나아가지 않은 수준의 것이었다. 그들은 우리를 '6·25 때 코 찔찔 흘리면서 쫓아다니며 껌을 구걸하던' 그 상태로 생각하고 있는데, 우리만 좁은 한국 안에서 세상 사람들이 우리를 알아준다고 착각하고 있었던 것이다. 그래서 나는 '비록 한국이 면적으로는 오클라호마 주의 반밖에 안 되지만, GDP로 따져 세계 10위의 경제대국이고 수출액으로 세계 9위의 경제대국이며, 5천년의 역사와 찬란한 문화를 지닌 단일민족임'을 힘주어 말할 수밖에 없었다. 그들이 수긍하건 말건 이 사실만은 분명히 주지시킨 다음 특강을 진행해야 할 것 같았다.

그게 효과가 있었던지, 강의가 끝나고 질문을 하라고 하자 너도나도 손을 들고 한국사의 궁금한 점들을 물어왔다. 그들이 특히 관심을 갖는 내용은 왕이 직접 한글 창제에 참여한 동기와 창제 과정, 한글의 존재와 쓰임새, 당시의 사회구조, 왕조의 지배체계, 〈용비어천가〉를 올려 부른 궁중예술(court performing art) 등 다양했다. 그들과 질의응답을 하며, 우리 돈을 쓰면서라도 다른 나라 특

역사학과 학생들을 위한 특강

히 미국 같이 영향력 있는 나라에서 우리의 역사를 교육하는 것이 얼마나 중요한 일인지 새삼 깨닫게 되었다. 자동차 한 대, 스마트 폰 한 대 더 파는 것보다 대학들에 한국학을 개설하고 학생들에게 교육하는 것이 우리로서는 훨씬 중요하다는 점을 알게 된 것이다. 내 경우 한국사의 한 부분을 문학과 결부시켜 설명하는 데 그치긴 했으나, 앞으로 한국학의 세계화를 위해 어떤 자세를 취해야 하는지 뚜렷한 해답을 얻은 셈이었다.

강의가 끝나자 청강하러 왔던 박사과정 학생 둘이 다가와 자신들이 만든 '외교사 토론클럽'이 있는데, 나와서 한국 현대사에 대한 조언을 해줄 수 있느냐고 묻는 것이었다. 이 요청을 받고, 한국사에 대한 학생들의 흥미를 자극하는데 성공적이었다는 평가를 스스로 하면서 그들의 요청을 쾌히 받아들이게 되었다. 이 모든 것들이 연구 활동 과정에서 얻게 된 소중한 경험이었다.

이곳에서 아시아사, 특히 한국사가 미국학생들이 별로 관심을 갖지 않는 분야임을 알게 되면서 미국을 비롯한 서양 국가의 국민들이 우리를 잘 알지도 못하고 알려 하지도 않는다는 점을 깨닫게 되었을 뿐 아니라, 그로 인해 얼마간 충격을 받은 것도 사실이다. 속된 표현으로 그저 '코딱지만한' 나라 하나가 있어, 동족끼리 맞붙어 크게 싸웠으며, 지금도 으르렁거린다는 점 외에 크게 아는 내용도 알고 싶어 하는 내용도 없는 대상이 우리임을 비로소 알게 된 것은 길게 보아 우리자신에게 좋은 약이 되긴 하겠지만, 지금 당장은 분명 씁쓸한 일이었다.

사실 중국 혹은 중국문화와 역사에 대하여 느끼는 서양인들의 두려움이나 존경심, 일본이나 일본문화에 대하여 갖고 있는 서양인들의 호감을 6개월에 걸친 유럽여행에서 확인했고, 미국에 와서 재확인하게 되었다. 일모도원(日暮途遠)의 초조함에 우리의 조급함이 가세하게 되니, 참으로 마음이 편치 않은 나날이었다. 그러나 어쩌랴. 천릿길도 한 걸음부터요, 옹달샘이 있어야 강도 이루어지는 것 아닌가. 황소처럼 그냥 앞만 보고 나아갈 일이다. 그러다 보면 어느 순간 그들이 갖고 있는 '1950년대의 이미지'가 '펄펄 나는 21세기의 이미지'로 바뀌는 날도 있을 것 아닌가?

카우보이들, 풋볼의 진수를 보여주다!

언제부턴가 꼭 한 번은 '상암벌'에 나가봐야겠다고 마음먹은 적이 있다. 거기서 '붉은 악마들'과 함께 함성을 지르며 내 안에 잠자고 있는 야성(野性)을 흔들어 깨우고 싶다는 객쩍은 욕망을 슬그머니 가져본 적이 있었다. 친구들과 몰래몰래 가는 눈치를 보이곤 하던 작은 녀석은 끝내 '함께 가자'는 말을 건네지 않았다. 하루, 이틀, 사흘… 그렇게 내 청춘은 저물고 말았다.

유럽 여행을 하면서 곳곳에 폐허로 남아있는 기원전 고대 로마의 원형 경기장(혹은 극장)에 혼자 오도카니 앉아서 흥분에 달아오른 관중들의 함성을 상상하곤 했다. 우리는 6개월 간 풋볼(American Football)의 나라 미국, 그 중에서도 풋볼을 중심으로 아름답게 단합된 모습을 보여주는 OSU의 스틸워터에 머물며

풋볼 전용 경기장인 분 피켄스 스테이디엄(Boone Pickens Stadium)

그 열기를 온몸으로 느낄 수 있었다. 한국에 있을 때 미국 하면 야구를 떠올렸지만, 이곳에 와서 느껴보니 야구나 축구는 간 곳 없고, 풋볼이 '짱'이었다. 이 대학에는 큰 규모의 각종 경기장들이 여럿이고, 체육관 시설도 입이 벌어질 정도였다. 그러나 규모나 인기도에서 풋볼을 능가할 종목이 없고, 풋볼 경기장인 '분 피켄스 스테이디엄(Boone Pickens Stadium)'을 능가할 경기장도 없는 듯했다.

우리가 이곳에 도착하면서 '게임데이'라는 생소한 말을 종종 들었고, 그 때마다 이 한적한 스틸워터에는 사람들이 북적대고 외부의 차들이 모여들곤 했다. 큰 주차장에는 각지에서 몰려든 RV 차량들로 가득하고, 거리 곳곳을 차단하여 차량통행을 막기도 했다. 나중에서야 그것이 풋볼게임 때문이었음을 알게 되었고, 언젠가 한 번은 직접 경기장에 가서 구경하리라 마음먹게 되었다.

그러나 티켓을 구하기 어려웠다. 들리는 바에 의하면 거의 1년 전부터 대부분의 티켓이 매진된다는 것이었다. 가끔씩 온라인 사이트에 엄청 비싼 표들이 등장하거나 경기 당일 암표 등을 팔기도 하지만, 그마저도 손에 넣기가 쉽지 않았다. 그런데 우리에게 뜻하지 않은 행운이 찾아왔다. OSU 대학원에서 테솔(Tesol; Teaching English to Speakers of Other Languages)을 전공하는 이웃집의 제이슨(Jason Culp)이 풋볼 티켓 두 장을 건네준 것이었다. 그의 아내와 장모가 부득이

한 사정으로 구경을 못 가는 바람에 남게 된 두 장의 티켓을 우리에게 선물로 건넨다고 했다.

미국 도착 거의 두 달 만에 드디어 미국 Big 12 경기연맹(Oklahoma State, Oklahoma, Texas Tech., Bayolr, Texas, TCU, West Virginia, Kansas, Kansas State, Iowa State) 에서 가장 오래되고 멋진 풋볼 경기장이자 미국 전역의 캠퍼스 안에 있는 것으로는 최고 경기장들 가운데 하나인 OSU의 분 피켄스 스테이디엄에서 난생 처음으로 풋볼 빅게임을 즐기게 된 것이었다.

오전 10시 40분 입장. 장관이었다. 경기는 11시부터 시작된다는데 관객 6만 명을 수용한다는 스탠드는 온통 빈틈없는 오렌지 물결로 이미 꽉 들어차 있었다. 학교의 상징색인 오렌지 색 의상들을 입고 응원도구를 들고 나온 학생, 동문, 시민들이 경기장 3면을 가득 메우고 있었다.(사실 이 경기는 매년 이 시기에 열리는 '홈커밍데이'의 메인 이벤트이기도 했다) 그라운드에는 식전 행사가 화려하게 펼쳐지고 있었으며, 스탠드에서 운동장으로 몰려 내려가는 함성은 지축을 울렸다. 스틸워터 4만 7천의 인구에서 학생과 직원을 합쳐 2만 남짓을 빼면 2만 6천이 남을 것이니, 말하자면 OSU 학생, 교직원, 동문, 스틸워터 시민 등이 총동원 되어 스탠드의 6만을 구성하고 있었다는 얘기다. 우리로서는 놀라운 '팀스피릿(Team Spirit)'의 현장을 목격하게 된 것이었다.

경기는 4쿼터로 진행되었다. 각 쿼터 15분씩이었으나, 경기 진행상의 수시 중단, TV 광고를 위한 막간 공연, 작전타임 등이 추가되면서 11시에 시작된 경기는 오후 2시 30분이나 되어서야 끝이 났다. 경기 내내 OSU 카우보이 팀과 텍사스 크리스천 유니버시티 팀 간의 공방이 숨 막히게 벌어졌고, 대부분 홈팀의 응원자들인 스탠드의 관객들은 질서정연하게 일어나 손을 내뻗으며 'OSU Cowboys!'를 연호했다. 그 덕인가. 카우보이 팀은 TCU를 24:10으로 이기고 학생, 동문, 시민들에게 홈커밍의 큰 선물을 안겨 주었다. 경기를 보면서 그것이

▲ 풋볼 경기 식전행사
◀ 경기가 끝난 뒤 몰려
　나오는 관중들

서부 개척시대의 '랜드 런(Land Run)'으로부터 나왔다는 느낌을 받았을 만큼 '미국 정신(American Spirit)'을 만끽한 3시간여의 호쾌한 경험이었다.

OSU의 졸업생 분 피켄스가 2003년 대학 역사상 단일 기부로는 최대 액수인 7억 달러를 쾌척하여 세운 이 경기장. 그는 2005년 다시 16억 5천만 달러를 기부함으로써 대학교 체육 경기 분과에서 수령한 기부금으로는 최대액수를 기록하게 되었다. 그 덕에 최첨단 시설을 갖춘 이 경기장은 OSU와 풋볼 팀에게 환상적인 '게임데이'를 가능케 하는 환경을 선사했을 뿐 아니라, 다른 대학들과는 비교할 수 없을 만큼의 지근거리에 최고 경기장을 마련하여 학생들은 물론 시민들이 좋은 경기를 직접 관람할 수 있는 기회를 제공하게 된 것이었다. 뿐만 아니라 이 경기장에는 풋볼 사무실, 미팅 룸, 스피드 및 컨디션 센터, 라커 룸, 시설관리실, 선수 의료센터, 미디어 시설실, 명예의 전당, 트레이닝 테이블 뿐 아니라 크고 작은 무수한 공간들이 복합적으로 구비되어 있었다.

**

사람들과 함께 경기장으로부터 밀려나오면서 미국인들의 장점 세 가지를 깨닫게 되었다. 단합정신, 애교심, 질서 등이었다. 가장 기초적이면서도 우리가 실천하지 못하는 그 세 가지에서 그들이 우리보다 앞선 요인을 찾는 것이 과연 부질없는 일일까.

미국 대학의 졸업식과 감동: 왜 우리는 이렇게 하지 못하는가?

어렵던 시절, 궁색한 현실에 비해 가당찮게 큰 욕구를 가졌었기 때문일까. 졸업식에 관한 내 추억은 온통 잿빛 일색이다. 1978년도 내 대학 졸업식은 참으로 우중충했고, 1981년도 석사학위 수여식과 1986년도 박사학위 수여식은 번잡하고 무성의하여 도무지 아무 감흥도 느낄 수 없었던, 그야말로 '서운한' 행사들이었다. 그 후 대학인들의 타성이 고착되면서 졸업식에 관한한 '행사를 위한 행사'를 반복해왔고, 오늘날에 이르러 대학 졸업식은 '지리멸렬' 그 자체로 전락해 버렸다.

독자 여러분 가운데 최근의 대학 졸업식에 가본 분들이 적지 않을 것이다. 졸업생들은 식이 시작되어도 식장에 들어가지 않는다. 흡사 사진 찍는 일이 졸업식의 전부인양 카메라를 껴안은 채 식장 바깥에서만 어슬렁거린다. 모처럼 자식의 학교를 찾은 학부모들도 식장 안에 들어갈 생각을 하지 않는다. 들어가 봐야 재미없고 지루하기만 할 것이며, 무엇보다 당사자인 자식이 들어가지 않는 곳에 기를 쓰고 들어가 앉아 있을 부모는 없을 터이기 때문이다. 바깥은 인파로 북적대는데, 그 넓은 식장 안의 좌석들에는 석·박사학위 받는 몇 사람과 수상자 몇 명만 듬성듬성 앉아있을 뿐이다.

왜 그럴까. 간단히 말하면, 졸업식을 주관하는 대학 측의 철학이 결여되어 있기 때문이다. 졸업식은 학교당국과 교수들이 그 행사의 핵심인 졸업생을 위해 가족을 초청하여 갖는 학교 최대의 행사인데, 졸업생들이 철저히 소외 되고 있는 것이 한국 대학 졸업식의 현주소다.

근래 어느 대학의 졸업식에 참석해 보았다. 그 넓은 단상에는 내빈들과 동문회 인사 등 외부 초청 인사들이 그득하고, 그 한 가운데 지역구 국회의원이 총장과 나란히 앉아 있었다. 총장의 연설이라는 게 왜 그리 장황하고 요령부득인지 참으로 한심했다. 하기야 우리나라 주요 일간신문들이 스피치 라이터가 써주는 큰 대학 총장들의 축사 전문을 경쟁적으로 싣던 때도 있었으니, 코미디도 그런 코미디가 있을 수 없었다. 각 대학 스피치 라이터들의 글 솜씨나 한 번 비교해보라는 뜻이었을까. 내빈축사는 왜 그리 많으며, 내용 또한 중언부언(重言復言) 지루하단 말인가. 그 많은 졸업장과 상장들은 왜 하필 졸업식장에서 일일이 수여해야 하는가. '이하 동문(以下 同文)'을 일일이 외쳐대면서도 서너 시

가족 및 하객들이 일어선 가운데 열 지어 입장하는 졸업생들

간을 끌어가니, 그나마 상장이라도 받지 못하는 대부분의 졸업생들이 앉아 있을 이유가 있겠는가. 그런 고문을 당하고 나면 자신의 졸업이 어찌 영광스러울 것이며, 모교에 대한 사랑인들 어찌 생길 것인가.

그간 가까이 지내던 브라이언 군이 이 대학에서 2년을 단축하여 조기 졸업한다는 소식을 듣고, 그 졸업식에 참석하기로 한 것이었다. 우리나라의 전기에 속하는 본 졸업식은 이미 5월에 있었고, 그 날은 후기에 속하는 이른바 '코스모스 졸업'이었다. 규모가 작아 대충대충 진행되리라는 우려가 있었을 뿐 아니라, 대학 졸업식에 대한 기대를 접은 지도 오래 된 터여서 별 감흥은 없었지만, 정리로 보아 가지 않을 수 없었다.

졸업생들의 가족과 친지들은 물 밀 듯이 밀려들었으나, 모두 정시에 입장을 끝내고 경사 진 3면의 관객석에 안전하게 좌정했다. 식장인 실내 농구장의 바닥에는 졸업생들이 앉을 의자들이 질서정연하게 놓여 있고, 정면의 단상에도 그리 많지 않은 좌석들이 마련되어 있었다. 예정된 시각에 총장이 단상으로 나오더니 놀랍게도 그 스스로 식을 주재하기 시작했다. 총장의 말에 따라 이 대

단상의 내빈들과 단하의 졸업생들이 질서정연하게 앉아있는 모습

학 파이프 밴드가 행진곡을 연주한 뒤, 브라스 밴드의 연주에 맞추어 졸업생들이 두 줄로 들어와 마련된 의자에 착석하기 시작했다. 졸업생들의 착석이 끝나자 스코틀랜드 전통복장을 한 파이프 밴드의 연주와 선도로 단상에 앉을 인물들이 질서정연하게 입장했다. 그 다음 장내에 있는 모든 사람들이 일어나 미국 국가(The Star Spangled Banner)를 '우렁찬 목소리'로 제창했다. 이어 오클라호마 주의 노래인 'Oklahoma'를 부른 다음 본격적인 졸업식이 진행되었다.

총장은 우선 특별한 몇몇 손님들을 소개했고, 그 가운데 세 사람(주 교육위원회 의장, 교수협의회 의장, 오클라호마 주 하원의장)이 각각 1~2분 정도의 아주 간단하면서도 의미심장한 졸업축하 인사를 했으며, 이어 학위증 수여가 있었다. 졸업생들은 호명되는 대로 단상에 올라 총장·학장·학과장 등과 악수하고, 사진 찍기 위한 포즈를 취한 다음 자기 자리로 내려가는데, 좌석 부근엔 해당 학과 교수들이 함께 모여 기다리다가 자리로 돌아오는 졸업생들에게 축하인사를 건넸다. 무엇보다 인상적인 것은 졸업생들이 호명되어 단상으로 올라갈 때마다 관객석의 가족이나 친지들은 괴성에 가까울 정도의 함성을 질러대는 장면들이었다. 졸업식의 즐거움을 그들은 그렇게 표현했고, 당사자들 또한 단상으로 나가면서 이들에게 손을 흔들어주는 여유를 보이기도 했다. 이렇게 짧은 시간에 졸업생 모두를 단상으로 불러 올려 격려함으로써 그들에게 자부심을 불어넣어 주려는 배려가 느껴지는 것이었다.

졸업장 수여가 끝나자 졸업생들도 단상의 인사들도 관객석의 가족이나 친지들도 함께 '모교의 노래(OSU Alma Mater)'를 부르는데, 내 주변 사람들의 노랫소리가 얼마나 큰지 깜짝 놀랄 정도였다. '모교의 노래'가 끝나고 단상의 인사들이 줄 지어 퇴장한 뒤 졸업생들도 들어올 때의 역순으로 퇴장함으로써 졸업식은 끝이 났다.

그 흔한 꽃다발도 없었다. 식장 밖에서 어슬렁거리는 졸업생도 있을 수 없다. 그들은 시간이 되자 악대의 선도를 받아 질서정연하게 들어왔고, 정확하게 준비된 의자를 모두 채워 앉았다. 어쩌면 이렇게 개인주의의 천국인 미국에서 마치 훈련이라도 받은 것처럼 질서정연하게 행사를 진행할 수 있단 말인가. 식 초반에 그들은 자신들의 국가와 주가(州歌)를 함께 소리 높여 부르며 단합정신(team spirit)을 확인하는 듯 했다. 어느 순서 하나 필요 이상으로 늘어지는 게 없었다. 모두가 졸업생들로 하여금 자신에 대한 영예와 모교에 대한 자부심을 갖도록 치밀하게 조직된 극본을 무대 위에서 보여주는 것 같았다. 우리는 왜 이처럼 하지 못할까.

안식과 힐링의 낙원 스틸워터에서

OSU에 찾아 와서야 대학을 품고 있는 이 작은 도시의 이름이 '스틸워터'임을 깨닫게 되었고, 그 의미에 대하여 관심을 갖게 되었다. 이름만으론 '명경지수(明鏡止水)'를 상상하게 되는데, 도대체 물이 보이지 않았다. 그도 그럴 것이 오클라호마시티의 '윌 라저스 공항'에 내린 뒤 마중 나온 OSU 역사학과 두 교

스틸워터의 역사성을 강조한 표지판
(시가지 입구에 세워져 있음)

수(Dr. Du, Yongtao)의 차에 몸을 싣고 한 시간 반 넘게 달려 어두워진 다음에야 숙소에 도착했기 때문이다. 첫날밤 낯선 숙소에서 시차로 인한 불면에 시달리다가 늦은 아침을 맞고 보니 대지는 염천으로 펄펄 끓고 있었다. 냉방이 시원한 집안에서 한 발만 밖으로 내디디면 모두 녹아버릴 듯, 더위가 맹위를 떨치고 있었던 것이다. 그러니 어느 겨를에 '스틸워터'의 어원이나 의미를 생각하거나 느껴 볼 수 있었으랴! 가을이 익어가며 찬바람이 불 무렵에서야 비로소 스틸워터의 의미가 몸으로 느껴지게 되었으니, 나의 둔감함도 대단하다 할 것이다.

정말로, 왜 '스틸워터'일까. 동서고금을 막론하고 한 도시나 지역의 이름에는 생겨난 내력이 있게 마련. 자세한 내력을 확인한 것은 아니지만, 이곳에서 오래 살았다는 노학자는 몇 가지 전설들을 들려 주었다. 이 도시를 뚫고 흐르는 냇물이 '항상 조용하여' 판카(Ponca)·카이오와(Kiowa)·오세이지(Osage)·포니(Pawnee) 등 이 지역의 원주민들이 '스틸워터(Still Water)'라 불렀다는 전설, 텍사스에서 미국의 동부로 돌아가는 철로까지 가축 떼를 몰아가던 목동들이 항상 '여전히 거기에서 물을 발견했다'는 데서 나왔다는 전설, 스틸워터가 속해 있는 페인 카운티의 건설자 페인(David L. Payne)이 스틸워터의 냇물로 걸어 올라가며 말하길 "이 고을은 스틸워터로 불려야 한다."고 말하면서, 결국 그 이름으로 굳어지게 되었다는 전설 등이 그것들이다.

어쨌든 이 도시를 휘감아 흐르는 작은 냇물을 보면서, 이 지역에 몰려 살던 초창기 사람들은 '고요하고 깊고 넓은 물'을 염원했을 것이고, 그런 염원이 이 도시의 이름을 '스틸워터'로 굳혔을 가능성이 큰 것 같았다. 비옥하고 넓은 들과 울창한 나무들은 많은데, 물이 부족한 점은 좋은 도시가 되기 위한 입지 조건의 결정적 흠으로 여겨졌을 것이기 때문이다. 그런 염원이 뭉쳐 부머 호수(Lake Boomer), 블랙 웰 호수(Lake Blackwell), 맥머티 호수(Lake McMurty) 등 큰 인공호수들을 비롯한 크고 작은 소택지들의 조성으로 나타난 것이나 아닐까. 어쨌든 1884년에 이르러서야 '스틸워터'는 이 도시의 공식적인 이름으로 확정되어 현재에 이르게 된 것이었다.

낙원처럼 깨끗하고 조용한 자연 속의 스틸워터가 매년 오클라호마에서 맹위를 떨치는 잠재적인 '토네이도의 통로(Tornado Alley)'들 가운데 하나라는 점은 놀라운 사실이었다. 기록으로 확인되는 1892년부터 2011년까지 스틸워터를 스쳐 간 크고 작은 토네이도는 20차례나 되고, 사망자 2명에 부상자도 35명이나 되었으며, 손상된 재물 또한 많았다. 그 때문일까. 이곳 사람들의 마음속엔 언제든 또 다시 토네이도가 찾아올 수 있다는 불안감이 자리하고 있는 듯 했다. 아울러 이 도시가 습윤한 아열대 기후로서 지금까지 최고 기온이 섭씨 45도까지 올라간 적이 있다는 사실 또한 도착 즉시 몸으로 느껴 이해할 수 있었다.

스틸워터는 총 면적 73.3㎢, 해발 300m의 자그마한 도시였다. 177번 도로와 하이웨이 51번이 교차하는 오클라호마 주 북부의 중심에 있는 이 도시는 페인 카운티(Payne County)의 청사 소재지이기도 하고, OSU가 중심부에 위치한 대학도시이기도 했다. 최근 이 도시의 인구는 총 46,560명으로 조사되었다는데, OSU의 구성원이 대략 총 인구의 75% 이상인 35,073명임을 감안하면, 이 도시에서 OSU가 차지하는 위상이 어떤지 짐작할 수 있을 것이다. 즉 스틸워터 주민들에게 OSU란 가장 중요한 삶터이자 그들 프라이드의 근원임을 느껴 알 수 있었다.

스틸워터의 옛날 우체국 건물

스틸워터의 고요함과 깨끗함은 초겨울의 부머 호수에서도 만날 수 있다

미국, 특히 오클라호마 이주민들의 정착사에서 매우 특이한 역사를 갖고 있는 스틸워터는 1803년 미국이 프랑스로부터 사들인 광대한 지역, 즉 '루이지애나 매입지(Louisiana Purchase)'의 중심에 놓여 있었다. 스틸워터에서 한동안 거주했던 유명 작가 워싱턴 어빙(Washington Irving)이 자신의 책인 『대초원 여행(A Tour on the Prairie)』에서 "가을의 황금색 빛줄기 아래 펼쳐진 영광의 초원. 버팔로의 그 깊고 촘촘한 발자국들이야말로 이곳이 바로 그들이 선호하는 방목지임을 보여 준다."고 묘사했을 만큼 스틸워터는 목초가 그득하여 버팔로 떼가 노닐었을 법한 초원지대였다.

국가가 주도하여 이른바 '땅 따먹기'를 벌인, 그 유명한 '랜드 런(Land Run)'이 바로 이곳에서 시작되었다. 1889년 4월 22일, 스틸워터가 속해있는 오클라호마 지역 즉 '양도되지 않은 땅들(Unassigned Lands)'을 백인들에게 열어젖힌 '랜드 런'의 첫 포성이 울린 것이다.[1] 그 날 하루 만에 참여자들은 240 에이커의 땅을 점유했고, 스틸워터가 중심도시로 지정됨으로써, 순식간에 300을 헤아리는 인구의 천막도시(tent city)가 초원 위에 생겨나게 된 것이었다.

1890년 크리스마스 이브에 오클라호마 의회는 스틸워터를 '랜드 그랜트 대학도시'로 확정하는 법안을 통과시켰다. 1894년 오클라호마 A&M(오클라호마 농공대학)이 첫 벽돌 건물을 세우고 개교했는데, 지금 OSU에 남아 있는 '올드 센트럴(Old Central)'이 바로 이 건물이다. 1889년부터 오클라호마가 주로 승격되기까지

---

1) '양도되지 않은 땅들(Unassigned Lands)'(혹은 오클라호마)은 남북전쟁의 결과로 크릭과 세미놀 인디언들이 미합중국에 양도한 땅들의 중심, 즉 이들 외에 어떤 다른 부족들도 살고 있지 않은 지역이었다. 1883년에 그 땅은 북쪽의 체로키 아울렛(Cherokee Outlet), 동쪽의 재배치된 여러 인디언 보호구역들, 남쪽의 치카샤 구역, 서쪽의 샤이엔-아라파호 보호구역 등과 접한 곳이었고, 그 면적은 1,887,796.47에이커(7640㎢)에 달했다. 당시 이 지역은 Canadian, Cleveland, Kingfisher, Logan, Oklahoma, Payne 등 6개 카운티로 형성되어 있었다.

스틸워터 제일 장로 교회

스틸워터는 비약적으로 성장했고, 1907년 주로 승격되자 스틸워터의 다운타운은 여러 개의 은행, 교회, 식품점, 호텔, 백화점 등 50개 이상의 빌딩들을 수용하는 도시로 성장했다. 첫 신문 '스틸워터 가제트(Stillwater Gazette)'가 간행되었고, 1899년에는 전화와 개스가 공급되었으며, 1900년에는 동부 오클라호마 철로(Eastern Oklahoma Railroad)도 개설되었다. 1900년에 5백 명도 안 되던 인구는 1917년에 3천 명, 2차 세계대전 당시에는 1만 명 이상으로, 2000년에는 39,065명으로, 2009년에는 46,156명으로 각각 늘어나 오늘날의 규모로 성장하게 된 것이다.

남한 면적의 두 배인 오클라호마 주. 어딜 가나 야산 하나 없이 평평한 초원과 푸른 나무숲이 장관이었다. 넓은 초원에선 소떼가 풀을 뜯고 그 곁에선 오일펌프(Oil Pump)가 끄덕거리며 기름을 퍼 올리는, 풍요의 땅이었다. 어딜 파도 붉은 색깔의 기름진 땅은 온갖 곡식과 목초를 길러내며, 그 사이를 뚫고 흐르는 작은 강줄기는 대지에 윤기를 공급하고 있었다. 나그네가 보기에 오클라호마 안에서도 부드럽게 오르내리는 평평한 구릉을 지나 넓은 벌판에 형성된 스틸워터는 말 그대로 명경지수 같은 낙원이었다. 자원이 고갈되고 젊은이들이 큰 도시로 떠나 퇴락한 주변의 도시들과 달리 스틸워터엔 윤기가 자르르 배어 나고 있었다. 인구의 70% 이상을 차지하는 OSU와 그 구성원들 덕분일 것이다.

다운타운의 상가 어디엘 가도 OSU의 사진이나 광고 배너 혹은 캐릭터가 걸려 있고, 월마트(Walmart) 등에서는 아예 OSU 마크가 찍힌 온갖 상품들을 널찍한 코너에 별도로 모아놓고 판매하기도 했다. 가장 큰 고객이어서만이 아니라 진정으로 OSU를 사랑하는 속내를 이들은 여러 방법으로 거침없이 드러내고 있었다. 갖가지 상점들이나 관공서들로 이루어진 다운타운과, 그 사이사이 혹은 그 밖으로 넓게 분포된 민가들이 OSU를 중심으로 바둑 판 같은 대지 위에 방사상을 이루고 있었다. 상하좌우로 자를 대고 그은 듯 도로들이 교차하고, 도로로 구획된 네모 칸들 안에서 사람들은 부지런히 움직이며 삶의 궤적을 그려가고 있었다.

툭하면 달려가 값싼 생필품을 구입하던 '111 N. Perkins Rd'와 '4545 West 6th Ave'의 월마트, 한국 음식들이 먹고 싶을 때 들르던 '613 S. Lewis St'의 CM(Crepe Myrtle Market), 옷가지가 필요할 때 들르던 '619 N. Perkins Rd'의 JC Penny, 싱싱한 연어와 질 좋은 쇠고기를 사러 가던 '421 N. Main St'의 Food Pyramid, 저렴한 가격에 제대로 된 스테이크를 먹고 싶을 때 찾아가던 '1707 E. 6th Ave'의 Freddie Paul's Steakhouse, 팬케이크로 유명한 '611 N. Main St'의 아이홉(IHOP), 중국 음식이 생각날 때면 찾아가던 '711 N. Main St'의 New China 등등. 스틸워터 다운타운의 무수한 지점들에 우리의 발자국들은 반복적으로 찍혔다. 그 뿐인가. 내가 살던 아파트 윌리엄스(101 N. University Place Apt. #1) 뒤쪽도 특별한 공간이었다. 크로스컨트리 경기장을 둘러싸고 숲속 멀리 돌아 나 있는 산책로는 에덴동산의 환상을 꿈꾸기에 적합했으니, 맑은 공기와 파란 하늘에 둘러싸인 스틸워터야말로 대도시의 잡답(雜沓)에 병든 누구라도 찾아가 힐링의 축복을 얻어낼 만한 낙원이라 할 수 있으리라.

인디언, 인디언 역사, 인디언 문화

인디언, 인디언 역사, 인디언 문화

오클라호마와 인디언 부족들

오클라호마에 와서야 이곳이 강제 이주된 아메리카 인디언들의 집단 거주지 역임을 알게 되었다. 연방정부에 의해 공인된 인디언 집거지가 599개, 주정부에 의해 공인된 집거지가 68개 등 총 667개의 인디언 공동체가 미국 전역에 흩어져 있는데, 그 가운데 앱센티 쇼니 부족(Absentee Shawnee Tribe), 앨라배마 쿼사티 부족 타운(Alabama Quassarte Tribal Town), 아파치 부족(Apache Tribe), 카도 부족(Caddo Tribe), 체로키 네이션(Cherokee Nation), 샤이엔과 아라파호 부족(Cheyenne and Arapaho Tribes), 치카샤 네이션(Chicasaw Nation), 촉토 네이션(Choctaw Nation), 시티즌 포타와토미 네이션(Citizen Potawatomi Nation), 코만치 네이션(Comanche Nation), 델라웨어 네이션(Delaware Nation), 델라웨어 인디안 부족(Delawarer Tribe of Indians), 동부 쇼니 부족(Eastern Shawnee Tribe), 포트실 아파치 부족(Ft. Sill Apache Tribe), 오클라호마의 아이오와 부족(Iowa Tribe of Oklahoma), 오클라호마의 카우 네이션(Kaw Nation of Oklahoma), 카이알레기 부족 타운(Kialegee Tribal Town), 오클라호마의 키커푸 부족(Kickapoo Tribe of Oklahoma), 카이오와 부족(Kiowa Tribe), 마이애미 네이션(Miami Nation), 모도크 부족(Modoc Tribe), 무스코기(크릭) 네이션(Muscogee(Creek)

Nation), 오세이지 부족(Osage Tribe), 오토-미주리아 부족(Otoe-Missouria Tribe), 오타와 부족(Ottawa Tribe), 오클라호마의 포니 네이션(Pawnee Nation of Oklahoma), 오클라호마 피오리아 인디언 부족(Peoria Tribe of Indians of Oklahoma), 판카 네이션(Ponca Nation), 오클라호마의 쿼포 부족(Quapaw Tribe of Oklahoma), 색 앤 팍스 네이션(Sac & Fox Nation), 세미놀 네이션(Seminole Nation), 오클라호마의 세네카-카유가 부족(Seneca-Cayuga Tribe of Oklahoma), 쇼니 부족(Shawnee Tribe), 뜰롭뜰로코 부족 타운(Thlopthlocco Tribal Town), 톤카와 부족(Tonkawa Tribe), 체로키의 연합 키투와 연대(United Keetoowah Band of Cherokees), 위치타 연합 부족들(Wichita and Affiliated Tribes), 와이언다트 네이션(Wyandotte Nation), 유치 인디언 부족(Yuchi(Euchee) Tribe of Indians) 등 39개 부족 혹은 네이션이 오클라호마 주에 있었다.

대초원에서 만난 오세이지 인디언들

2013년 10월 23~26일 털사(Tulsa)에서 열린 '2013년 풀브라이트 방문 학자 발전 세미나(2013 Fulbright Visiting Scholar Enrichment Seminar)'에서 처음으로 인디언의 실상을 알게 되었고, 오세이지 네이션이 있는 포허스카(Pawhuska)에서 오세이지 인디언들을 만나게 되었다. 풀브라이트 학자들은 미국 체류기간 동안 최소한 하나 이상의 세미나에 참여해야 하는데, 마침 내가 머물고 있던 스틸워터의 인근 도시인 털사에서 '옛날의 서부에서 새로운 서부로: 미국 스토리의 형성에 기여하는 땅의 역할 (Old to New West: The Role of Land in shaping the American Story)'을 주제로 하는 세미나가 열린다는 연락을 받았고, 그 세미나에서 '대초원(Tall Grass Prairie)'과 오세이지 부족을 만났으며, 그로부터 인디언들의 삶과 역사에 대한 관심을 갖게 된 것이다. 도착하던 날과 그 이튿날까지 전문가들의 강연과 토론을 통해 이 지역이 갖고 있는 인류학적·산업적 가치에 대한 지식을 얻었고, 사흘째 되던 날 우리는 대초원을 답사한 다음 오세이지 부족의 박물관에서 그들과 직접 만날 수 있었다. 그들을 보며 길지 않은 미국 체

오세이지 부족 박물관

류기간을 잘 활용하여 인디언들을 많이 만나 보아야겠다고 결심하게 되었다.

우리가 대초원에서 만난 오세이지 부족은 어떤 사람들일까. 북미 인디언 계통의 수 어족(語族)(Siouan-speaking people)인 그들은 오늘날의 켄터키에 있는 오하이오 강 계곡에서 발원된 종족이다. '니-우-콘-스카(Ni-u-kon-ska)'로 알려져 있기도 한 '오세이지'란 말은 '중층수(中層水)' 혹은 '강 한복판'으로 번역될 수 있다고 하는데, 이들 부족이 오하이오 강 계곡으로부터 나왔음을 암시하는 뜻이리라. 오클라호마의 오세이지 카운티에 살게 된 19세기부터 연방정부로부터 인정을 받아 온 부족이었다. 그들은 이로쿼이(Iroquois) 부족과의 전쟁을 겪은 17세기 중반에 미시시피 강 서쪽의 다른 수 족들(Siouan tribes)과 함께 오늘날의 아칸사, 미주리, 캔자스, 오클라호마 등지로 이주하기 시작했는데, 전성기였던 18세기 초반에 이르면 미주리 주와 레드 리버(Red river) 사이를 장악할 정도로 이 지역에서 가장 힘 있는 부족이었다. 역사상 '비상하게 열정적이고 용감하며 싸움을 좋아하는 민족', '서부에서 가장 수려한 외모를 지닌 인디언' 등의 평을 들어온 그들이었다. 현재 오세이지 부족원으로 등록된 인구는 13,307명인데, 그 대부분이 오클라호마 주에 거주하고 있었다.

대초원의 관문인 포허스카는 19세기 이래 오세이지 부족의 중심역할을 해온 도시인데, 오세이지 부족은 캔자스에 있는 보호구역의 땅을 팔고 포허스카와 그 주변을 새로 사들였다고 한다. 지나면서 얼핏 보기에 새 집들이 많이 들어서 있었으나, 이 구역의 오세이지 인디언들은 자신들의 전통적인 생활양식을 고수해 오고 있는 중이었다. 그러나 석유의 발견으로 그들은 농업과 목축으로부터 벗어나 지구상에서 가장 부유한 부족들 가운데 하나로 변신하게 되었다는 것. 지금 오세이지 족은 자기들 땅의 광물 채굴권을 갖고 있으며, 특히 석유와 가스는 오세이지 부족원들 뿐 아니라 그들 영역 안에 사는 다른 부족원들에게도 이익을 주는 수입원으로 이용되고 있었다.

검정색 들소 바이슨(bison)의 무리를 떠나 잠시 멈춘 대초원 연구센터. 그곳에는 우리의 점심 도시락을 싣고 온 트럭이 이미 도착해 있었다. 점심을 들며 '오클라호마 음악에 미친 복합문화적 영향들(The Multi-Cultural Influences of Oklahoma Music)'이란 제목의 강연 겸 공연을 경청했다. 강사는 휴 폴리 박사(Dr. Hugh Foley/Professor of Fine Arts at Rogers State University)였고, 그 아들이 특이한 복장으로 나와 인디언 음악을 들려주었다. 아버지가 이론으로 설명하면 아들은 타악기로 직접 반주를 하며 노래를 불렀다. '새롭게 태어난' 옛날 음악을 새파란 젊은이로부터 듣는 것도 이색적이었지만, 무엇보다 부자가 음악을 공유하고 있는 모습이 부럽고 놀라웠다.

분명하진 않으나 노래들의 가락은 우리의 전통음악과 상당히 유사했다. 그들이 설명하고 들려준 건 'Red Dirt Music'. 번역하면 '황토음악'쯤 될까? 'Red Dirt Music'은 오클라호마에 흔히 보이는 누런 흙에서 그 이름을 얻은 음악장르

오세이지 부족 박물관의 사진자료들

오세이지 부족 박물관에서 만난
캐뜨린(Kathryn Red Corn) 관장

오세이지 부족원들

티피 앞에서 밝게 웃고 있는
인디언 어린이들

라 했다. 원래 오클라호마의 스틸워터가 'Red Dirt Music'의 중심으로 알려져 왔는데, 텍사스에도 이 음악이 있다고 했다. 한때는 두 장르 사이에 분명한 차이가 있었지만, 2008년부터 그 차이가 소멸되기 시작했다는데, 우리의 원시음악과 'Red Dirt Music'을 비교한다면, 의미 있는 결과가 도출될지도 모른다는 생각이 공연 내내 들었다.

점심 겸 공연이 끝난 뒤 목장주인의 집과 박물관, 초원 사이길 등을 거쳐 들른 곳이 오세이지 부족 박물관(Osage Tribal Museum)이었다. 도착하니 그들은 이미 우리를 맞을 만반의 준비를 갖춰놓고 있었다. 연사는 캐뜨린 레드 콘(Kathryn Red Corn), 오세이지 족 출신의 여류 지성인으로서 그 박물관의 관장이었다. 그녀는 '오세이지 족의 역사와 대초원'을 주제로 30분 이상 차분하게 설명했다. 설명이 끝나고 질문시간에 나는 '현재 다른 인디언 부족들과의 관계는 어떻고, 어떤 관계를 유지하기 위해 노력하는가? 앞으로 얼마나 부족의 정체성(tribal identity)을 유지해나갈 수 있다고 보는가? 유지하기 위해 어떤 정책을 마련하고 있는가?' 등을 물었다. 그러나 '네이션 정부 차원에서 다른 부족들과 좋은 관계를 유지하고 있으며 앞으로도 계속하겠다는 것, 각종 민속행사 등을 통해 부족의 정체성을 유지할 수 있다고 생각한다는 것' 등 매우 추상적이고 원론적인 답변만 내놓았을 뿐, 그런 문제에 대하여 깊이 생각해본 적은 없는 것 같았다. 그러나 사실 누구에게든 쉬운 문제는 아닐 것이다.

미국 최초의 인디언 부족 박물관이라 하는 오세이지 뮤지엄은 부족의 전통에 따라 생활해왔거나 현대적인 삶을 살아온 사람들 가운데 오세이지의 역사·전통·관습 등에 정통한 지식인들의 자원봉사로 운영되고 있었다. 이 뮤지엄에는 오세이지 부족 관련 생활사 자료들이 많이 소장되어 있었고, 역사를 배우고자 하는 사람들을 교육하기 위해 1년 내내 다양한 활동들을 펼치고 있었다. 강연장에는 부족을 대표하는 젊은 남녀가 전통복장 차림으로 앉아 있었

아기를 넣어 지고 다니던
오세이족의 크레이들 보드
(Cradle Board)

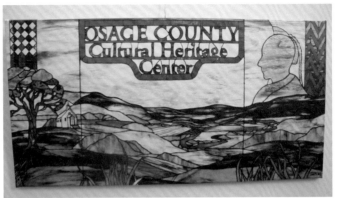

'오세이지 카운티 문화유산 센터' 표지판

지만, 흡사 쇼윈도에 앉아 있는 마네킹처럼 생기 없이 인디언 부족의 미래를
대변하는 듯한 모습이어서 불현 듯 짠한 느낌이 들었다.

***

시간의 단층들이 켜켜이 쌓여 만들어진 역사의 뒤안길을 우리는 단 하루 만
에 주파한 셈이었다. 대초원에도, 바이슨의 눈빛에도, 인디언들의 마음에도 그
들 과거의 기억들은 화석화 된 채 촘촘히 박혀 있는 듯 했다. 지혜로운 후세의
누군가 있어 정을 들고 그 화석들을 캘 날이 있으리라. 그리하여 종족의 문화
와 역사를 복원할 유전자가 그 화석들 속에서 검출되고, 종국엔 이 땅에서 사
라진 영광이 재현될 수도 있을 것이다. 대초원과 오세이지 인디언들이 내게 주
는 무언의 교훈이 바로 그것이었다. 우리는 오늘을 살고 사라지겠지만, 내일을
위한 씨앗 정도는 만들어 놓아야 한다는 역사적 책무를, 대초원과 오세이지 박
물관에서 강하게 느낀 하루였다.

체로키 후예의 집을 찾아 패러다임 전환의 증거를 찾다

'풀브라이트 방문학자 발전 세미나'의 마지막 날. 여러 전문가들의 발표와 토론을 통해 전날 대초원과 오세이지 부족 보호구역을 둘러보며 갖게 된 감흥을 구체적으로 내면화 시키는 날이었다. 무엇보다 기대되는 일정이 바로 호스트 패밀리와 함께 저녁식사를 하고 그들의 집을 방문하는 행사였다.

아침 8시에 버스를 타고 길크리스 박물관 강당으로 이동하여 털사대학교 영화학과 제프 교수(Dr. Jeff Van Hanken)의 강연을 들었다. "그것은 사실이 아니었다!-미국 서부 이미지들의 진실과 정의에 관한 환상들(That ain't how it was! Illusions of Authenticity and Justice in Images in the American West)"이라는, 약간은 난해하면서도 도발적인 제목의 강연이었다. 말하자면 영화에 들어 있는 서부의 이미지들이 인디언이나 서부에 대한 정확한 지식을 갖고 있지 않은 여타 미국인들이나 세계인들에게 잘못된 인식의 기초로 작용했다는 것이 그가 말하고자 하는 핵심이었다. 그가 제시하는 화면들을 보며 그간 접한 서부영화들이 인디언이나 미국의 서부에 대한 내 편견의 형성에 적잖이 기여했음을 깨닫게 되었다. 그리고 그런 깨달음은 인디언 보호구역에서 만난 모든 것들과 결부되면서 새로운 인식으로 이어짐을 흐릿하게나마 알게 되었다.

제프 교수의 강연이 끝나고 같은 자리에서 감동적인 이벤트를 겸한 또 하나의 행사가 이어졌다. 오클라호마 대학교에서 원주민 연락관(Tribal Liaison)을 맡고 있는 마크씨(Mr. Mark Wilson)가 무대에서 다양한 종족의 이름을 부르자 초등학교 학생들이 큰 깃발을 하나씩 들고 무대 위로 오르는 것이었다. 그 학생들은 털사 지역 공립학교 인디언 교육프로그램의 참가자들이었고, 그들이 들고 있던 깃발들은 오클라호마 주에 본부를 갖고 있는 39개 원주민들을 각각 대표하고 있었다. 대부분의 오클라호마 인디언 종족들은 1830년의 '인디언 이주법'(Indian Removal Act)에 근거, 미합중국 군대에 의해 강제로, 자발적으로, 혹은 토지소유권을 받아 이 지역에 재배치되었다고 한다. 인디언 교육 프로그램은 털사지역 공립학교들에 출석하는 인디언의 후예들(대략 4,600명)에게 교육 서비스를 제공함으로써 과거 미국 인디언들이 갖고 있던 풍부한 유산과 문화를 보존하는 역할을 하고 있었다.

39명의 초등학생들이 무대 안쪽에 촘촘히 도열하자, 인디언 복장을 한 자그마한 여자아이가 앞으로 나오더니 앰프를 통해 울려나오는 반주음악에 맞추어 가냘픈 목소리로 미국의 애국가를 불렀다. 그 소리를 듣자 갑자기 눈물이 핑 돌았다. 그 아이가 차라리 쨍쨍하게 높은 목소리로 불렀더라면 괜찮았을 것을. 흡사 식민지배로 정체성을 빼앗겨 버린 소수민족의 가냘픈 아이가 '다 죽어가는 목소리로' '지배자의 애국가'를 부르는 모습이란! 글쎄. "비록 우리들이 이주해온 백인들에게 땅도 빼앗기고 민족의 정체성도 빼앗겼지만, 지금은 모두 충실한 미국인이 되었음을 알려드립

무대에서 애국가를 부른 원주민 소녀와 함께

니다!"라는 메시지를 전하려는 것이었을까. 아니면, '무력한 가냘픔'으로 자신들의 '어쩔 수 없는 현실'을 표현하려 했던 것일까. 내 마음에 전해져 오는 '내 나름의 공감' 때문에 울컥하기는 했지만, 그 정확한 의미는 끝내 알 수 없었다.

점심 후 '미국 서부의 실제 역사'라는 패널 토의에서는 다양한 연사들의 의

포니족 명사 월터 씨 및 다른 나라 풀브라이트 학자들과 함께

미 있는 발표들이 이어졌다. 털사 대학교 역사학과 크리슨 박사(Dr. Kristen Oertel)의 사회로, 스테이튼 아일란드 대학(College of Staten Island) 지리학 교수 드보라 박사(Dr. Deborah Popper)가 '서부 지역 환경사: 바람 속의 옛 약속들(Western Environment History: Old Promises in the Wind)'을, 아칸사 대학교(University of Arkansas) 역사학과 교수 엘리엇 박사(Dr. Elliot West)가 '휘청거리는 인디언들과 실제 인디언들(Reel Indians and Real Indians)'을, 노스웨스턴 오클라호마 주립대학(Northwestern Oklahoma State University)의 역사학과 교수 로저 박사(Dr. Roger Hardaway)가 '서부지역의 아프리카계 미국인들'을 각각 발표했고, 박물관 전시물들을 관람한 뒤 각계의 저명한 패널들이 열띤 토론을 벌임으로써 주최 측이 애당초 내건 '서부지역의 미래(The Future of the West)'라는 타이틀의 세미나는 마감되었다. 패널리스트들 가운데 특별히 주목 받은 인물은 포니족(Pawnee) 출신의 명사 월터 씨(Mr. Walter R. Echo-Hawk)였다. 변호사, 인디언 부족 판사, 학자 등으로서 종교적 자유, 죄수들의 권리, 수자원 권, 조약의 권리 등 아메리카 인디언들의 기본권을 지키기 위해 30여년을 노력해온 인물이었다. 그는 인디언들이 받는 법의 보호와 한계를 중심으로 이 지역에서 해결해야 할 문제가

체로키 족 전통 사냥법을 시연해 보이는 체로키 후예 클라크 씨

무엇인지를 명쾌하게 설명했다.

　마감 패널 토의가 끝난 뒤 호텔로 돌아온 우리는 로비에서 삼삼오오 저녁 식사를 초대한 호스트들과 만나 그의 차로 각자의 가정이나 레스토랑으로 흩어져 갔다. 대개 한 사람의 호스트에 2~4명의 풀브라이트 학자들이 배정되었는데, 나를 초청한 호스트는 바로 첫날 나를 픽업해준 자원 봉사자 클라크 씨(Mr. Clark Frayser)였다. 첫날 그의 차를 타고 호텔로 오면서 그의 한국 방문 경험과 한국에 대한 호감을 알고 있었기 때문에 그리 놀랄 일은 아니었지만, 사실 미국인으로서는 지나치다 싶게 소탈한 점이 처음엔 의문이었다.

　다른 호스트들과 달리 나 혼자만을 초청한 이유를 묻자 한국에 대한 호감 때문이라고 했다. 10년 전 한국에 초청 받아 갔을 때 서울에서의 즐거웠던 체험, 현대자동차와 포항제철 등에서의 놀라웠던 체험, 비무장 지대 땅굴에서의 긴박했던 체험 등등 한국에 대한 추억이 그의 입에서 술술 흘러 나왔다. 또 다른 미국인들과 그의 분위기가 다른 이유를 묻자, 그것은 아마도 자신의 혈통 때문일 것이라고 설명하기 시작했다. 백인 할아버지와 체로키 인디언 할머니 사이에서 출생한 자신의 아버지는 자연스럽게 50%의 체로키 족 피를 갖게 되었고, 그 아버지와 백인 어머니 사이에 자신이 태어났으므로 자신은 25%의 체로키 족 피를 유지하고 있다는 것이었다. 그런 이유로 다른 순수 유럽계 백인들에 비해 분위기가 다를 것이라고 했다.

이혼 후 만나 함께 살고 있는 걸프렌드가 저녁에 일을 하므로 집에서 식사 대접을 할 수는 없으니, 일단 레스토랑에서 식사한 다음 자신의 집으로 가자고 했다. 집에서 꼭 보여줄 게 있다는 것이었다. 그러면서 내게 클래식한 분위기의 레스토랑, 대중적이고 자유로운 분위기의 레스토랑 가운데 하나를 선택할 것을 요구했다. 후자를 선택하자 지체 없이 출발하여 30여분 뒤 도착한 곳이 '산타페(Santa Fe)'라는 레스토랑이었다. 호스트로서든 게스트로서든 대개 클래식한 분위기만을 중시해온 나로서는 산타페의 이색적인 분위기에 놀라게 되었다. 문 안으로 들어서자 땅콩을 껍질째 볶아 한가득 넣어놓은 통이 놓여 있었고, 사람들은 그릇에 그득그득 담아갖고 종업원의 안내를 받아 예약된 자리에 앉았다. 그들은 자리에서 땅콩을 까먹으며 함부로 껍질들을 바닥에 버리곤 했다. 다른 식당들에서는 거의 보지 못했던 술들이 진열장에 가득했고, 손님들 대부분이 음식과 술을 함께 마시고 있었다. 말하자면 일반적인 기준의 미국 레스토랑은 아니었다.

다른 곳보다 비교적 맛있었던 스테이크와 몇 잔의 맥주를 마신 뒤, 우리는 거기서 10분 정도 떨어져 있는 그의 집으로 갔다. 집에 도착하여 내가 미리 마련해간 하회탈 선물을 내밀자, 그는 뛸 듯이 기뻐하며 놀라워했다. 선물을 가져왔으리라는 예상을 전혀 하지 못했다가 불쑥 선물을 내미니 우선 놀란 듯 했고, 그 선물이 '탈(mask)'이라는 점에 또 놀란 듯 했다. 주최 측으로부터 이메일로 미리 받아본 프로그램에 '가정 초대 만찬(Home Hospitality Dinners)'이란 내용이 있음을 알고, 혹시나 해서 미국에 올 때 하회탈을 비롯한 몇 종의 선물들을

선물로 건넨 하회탈을 자신의
서재 벽면에 부착해 보이는
클라크 씨

갖고 온 것이었는데, 내 생각이 탁월했음을 깨닫게 되었다.

하회탈을 만져보던 그는 나를 자신의 서재로 이끌었다. 그런데 한쪽 벽면이
각종 탈들로 가득했다. 말하자면 그는 '탈 애호가'였던 것이다. 체로키 탈, 중
국 무희 탈, 일본 가부키 탈 등 다양한 탈들이 걸려 있는 사이에 아이들 조막손
만한 하회 각시탈도 걸려 있었다. 그곳에 대감탈만 빠져 있었는데, 바로 내가
그걸 갖고 온 것이었다. 내가 생각해도 절묘한 선물이었다. 하회탈 하나에 그
는 몹시도 기뻐했다.

그의 안내로 집안을 두루두루 구경했는데, 온통 체로키 유물 일색이었다. 체로
키 인디언들의 정신이 집안에서 묻어나온다고 할 정도로 좁은 집안에 그득한 그
림, 공예품, 사냥도구 등 유별난 컬렉션이었다. 자신의 가계도를 보여주며 체로
키와의 인연을 설명하기도 했다. 언제부터 이렇게 공개적으로 체로키 혈통에 대
한 프라이드를 갖게 되었는지 묻고 싶었지만, 그 물음만은 아껴두기로 했다. 그
는 이 지역에 자신을 포함, 체로키 등 인디언 혼혈 미국인들이 적지 않다고 강조
하며 자랑스러운 표정을 지었다. 어쩜 그는 우리가 지난 3일간 귀에 못이 박힐

정도로 들어온 인디언 문화의 표본으로 자신을 보여주고 싶었는지도 모른다. 일부이긴 하지만, 주류의 미국인들이 감추며 살아왔을 혼혈의 사실을 흔들며 자랑하는 일이야말로 다민족·다문화 간 공존과 융합의 시대를 맞이하여 의식의 패러다임이 근본적으로 바뀌었음을 보여주는 분명한 사례가 아닐까.

***

세미나 셋째 날. 학자들이나 지식인들이 강당에서 설파한 '미래의 서부'는 배제나 차별 아닌 공존과 포용, 융합의 새로운 패러다임이었을 것이고, 클라크 씨는 자신을 그 사례로 내게 보여 주고 싶었을 것이다. 그런 이유로 시끌벅적한 산타페에서 체로키 식(?)을 가미한 식사를 대접했고, 자신의 집으로 초대하여 일부분이나마 체로키 생활양식을 보여준 것은 아닐까. 이런 분위기가 과연 공고한 레이시슴(racism)의 벽을 얼마나 허물 수 있을지, 역사의 진행이 항상 순조로운 방향만을 타게 되는 것인지 등등. 약간 불안하긴 하지만, 일단 작은 희망이나마 가져 보기로 했다.

오클라호마 동쪽에서 체로키 인디언들을 만나다!: 체로키어 '오시요(Osiyo)'와 우리말 '(어서) 오세요!'의 정서적 거리

11월 28일 아침 스틸워터를 출발, 털사를 거쳐 오후 3시쯤 체로키 네이션(Cherokee Nation)의 수도 탈레콰(Tahlequah)에 도착. 도시로 진입하여 관찰해 보니, 전체적으로 약간 이색적인 기풍이 느껴지는 점만 제외하면 미국의 여느 지역 도시들과 다를 바 없었다. 중국식 표현으로 말하면 '미국 판 만족(蠻族) 풍'이라고나 할까. 간판의 영문글자 위에 작은 글씨로 체로키 글자들이 병기되어 있는 것만 다를 뿐, 교통체계, 건물 양식, 먹고 마시는 모든 것들이 여타 지역들과 전혀 구별되지 않는, 미국 땅이었다.

미국 백인들의 최대 명절인 추수감사절이거나 말거나 이곳에서는 체로키인들 나름의 생활을 볼 수 있길 바랐으나, 그건 내 순진한 소망이었을 뿐. 호텔과 월마트, 주유소 및 맥도날드 몇 군데만 열려 있을 뿐 모든 곳이 꽁꽁 닫혀 있었다. 일단은 실망이었다.

인디언으로 보이는 호텔 프런트 아가씨들의 설명을 듣고 체로키 네이션 본부와 헤리티지 센터 및 뮤지엄을 찾아갔으나, 사람 없는 곳에 청설모들과 사슴들만 분주하게 그들의 일상을 이어가고 있었다.

하릴없이 돌아오면서 월마트에 들렀다. 다른 곳과 달리 그곳엔 사람들이 미어질 정도로 모여들어 있었다. 상품 매대(賣臺)마다 금줄이 둘러져 사람들의 손을 막고 있었고, 그 앞과 옆으로 카트를 밀고 있는 손님들이 열을 지어 서 있었다. 점원들은 그들의 주위를 오가며 경비하는 점원들의 모습이 삼엄했다. 이제 6시만 되면 일제히 달려들어 자신들이 점찍어둔 물건들을 카트에 실을 태세들이었다. 이른바 몇 시간 앞당겨진 '블랙 프라이데이(Black Friday)'였다.

미국 전역에서 추수감사절이 끝나자마자 모든 상점들은 '엄청난 할인 가격'으로 재고물량을 소진시키는 행사들을 갖곤 하는데, 여기도 예외는 아니었다. 아마 가전제품 등 고가의 물품들이 그 주된 대상일 텐데, 비디오 코너나 어린이 용품 코너에도 사람들이 장사진을 치고 있는 점으로 미루어 모든 품목이 다 해당되는 듯 했다. 인디언 문화를 보고자 여러 시간을 소비하며 찾아왔으나, 정작 인디언들은 보지 못한 채 멀미나게 목격해온 미국의 물질문화, 소비문화만을 만나게 된 것이었다.

어쩔 수 없이 하룻밤을 호텔 방에서 묵고 다음 날 찾은 뮤지엄은 다행히 열려 있었다. 직원들은 모두 체로키 사람들이었고, 명절 연휴라서인지 관람객은 한 두 가족에 불과했다. 뮤지엄에서는 체로키 사회의 주요 인물들을 찍은 사진 작품들이 전시되어 있었고, '눈물의 여정(旅程)(Trail of Tears)'으로 불리는 '강제 이동'의 역사적 사건을 사진으로, 그림으로, 기록으로, 모형으로 세밀히 보여주고 있었다. 백인들에 의해 저질러진 체로키 인들의 수난과 고통의 역사가 자그마한 집에 고스란히 보관되어 관객들에게 '정복당한 민족의 운명'을 생생하게 이야기해주고 있었다.

체로키족 식당문에 붙어있던
환영의 인사말 'Osiyo'

컬렉션을 설명해주던 큐레이터에게 한국과 체로키 문화의 동질성에 관한 내 의견을 말하며, 일례로 그들의 인사말인 'Osiyo(welcome의 뜻)'가 우리말의 '오세요/어서 오세요'에서 나온 것이라고 말하자(물론 이에 대한 근거를 갖고 있는 것은 아니며, 다만 나의 희망적인 추측에 불과할 뿐이다), 그녀는 깜짝 놀라는 것이었다. 사실 단순한 인사말보다 백인 지배자들에 의해 저질러진 체로키 인들의 디아스포라와 일제에 의해 저질러진 한민족 디아스포라가 이 박물관의 핵심 테마인 '눈물의 여정'에 기가 막히게 오버랩 되어 있었고, 정작 나는 그것을 설명하고 싶었으나 시간적 여유가 없었다.

건물 밖에도 그들의 역사가 전시되어 있었다. 정착 당시의 일반 가정들과 학교·교회·상점·대장간·마구간·닭장까지, '눈물의 여정'에서 간신히 살아남은 이들의 기증으로 그곳에 재현되어 있었다. 그곳에서 체로키의 관습을 몸으로 보여주는 체로키 남성 가이드 세 사람을 만났다. 한 젊은 가이드는 '체로키 의식(儀式)'에서 불리던 노래와 춤을 보여주며 그 의미를 설명했다. 전통적으로 체로키 인들은 유일신을 숭배해 왔다. 그래서 그들은 일찍부터 기독교를 수용한 것으로 보였다. 그와 함께 그는 작은 돌들을 집어넣은 소형 거북이 껍질들을 여러 개 묶어 만든 그들만의 타악기를 보여 주었다. 발에 전대처럼 차고 '처릭처릭' 소리를 내며 많은 사람들이 군무(群舞)를 추던 당시의 모습을 보여주었

체로키족 군무의 한 부분을
　시연해 보이는 가이드

체로키족 사냥법 시연

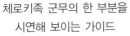

다. 그곳에는 지금도 봄철이면 많은 거북이들이 땅 위로 출몰한다고 했다.

다른 두 명의 중년 가이드들은 각각 전통 사냥법과 활 전문가였다. 한 사람은 대나무에 침(針)을 넣고 입으로 불어 토끼 등 작은 동물들을 잡는 시범을 보여 주었고, 다른 한 사람은 돌을 갈아 살촉을 만들고, 강하고 큰 활에 그 화살을 메겨 적에게 쏘거나 사냥하는 모습을 현장에서 보여주고 있었다. 두 사람의 설명을 통해 총으로 무장한 백인 침입자들의 출현에 속절없이 당하고 만 당시 체로키 인들의 비참한 상황과 역사의 아이러니가 눈앞에 떠올랐다.

헤리티지 뮤지엄을 떠난 우리는 탈레콰 다운타운으로 진출했다. 조용하고 널찍한 도로 양 옆으로 건물들이 평화롭게 앉아 있었다. 1자형 간선도로가 끝나는 곳, 도시의 핵심이자 다운타운을 내려다보는 양지바른 곳에 '북동부 주립대학(Northeastern State University)'이 자리 잡고 있었다. 2,000명 규모의 작은 대학이지만, 아름다운 캠퍼스였다. 학교 중앙에 시쿼아(Sequoyah)의 동상이 세워져 있는 점으

체로키어 표기법을 만든
시쿼야(Sequoyah)

'눈물의 여정' 설명판

로 미루어 이 대학은 이곳 체로키 네이션의 정신을 바탕으로 설립된 듯 했다.

체로키어를 쓰고 읽을 수 있게 만들었다는 점에서 시쿼야는 문화의 기록과 전승을 가능케 한 민족의 영웅이었다. 원래 그는 은 세공장이었는데, 1821년 독자적인 체로키어 음절표를 만들어냄으로써 체로키 사람들의 지적 활동에 큰 혁명을 가져온 인물이었다. 글자 없던 사람들에게 효율적인 표기 체계를 만들어 준 일보다 더 큰 공이 어디에 있을까. 그가 이 음절표를 만들어 내자마자 그것은 체로키 네이션에서 급속히 번지게 되었고, 1825년에는 네이션에서 공식 채택됨으로써 체로키 사람들의 문자 해독률은 주변의 백인 정착자들을 뛰어넘게 되었다고 한다. 말하자면 체로키인들에게 시쿼야는 우리민족에게 세종대왕과 같은 존재였다. 이곳 체로키 네이션 어딜 가나 시쿼야의 사진이나 동상을 발견하기 어렵지 않은 것도 바로 이런 점 때문이었다.

NSU에서 나온 우리는 '체로키 국립 대법원 박물관(The Cherokee National Supreme Court Museum)'과 '체로키 국립 감옥 박물관(Cherokee National Prison Museum)'에 들렀다. 탈레콰 타운 광장의 남동쪽에 위치한 대법원 박물관은

1844년 피어스(James S. Pierce)가 세웠으며, 체로키 네이션의 대법원 청사로 쓰이던 건물이었다. 또한 체로키 네이션의 공식 간행물이자 오클라호마 주 최초의 신문인 '체로키 애드버킷'(Cherokee Advocate, 1844년부터 1906년까지 간행)의 첫 인쇄 행사가 열린 곳도 바로 이 건물이었다.

'체로키 애드버킷'은 문화민족 체로키 인들의 자부심을 드러낸 간행물이라는 점에서 매우 의미가 컸다. 1844년 9월 26일 창간호에 실린 '우리의 권리, 우리나라, 우리 민족'이란 그들의 모토야말로 오늘날 우리도 수시로 외치는 구호와 매우 닮아 있었다. 당시 이 신문은 체로키 인들에게 미국과 미국인들의 정보를 제공하기 위해 체로키어와 영어로 매주 발행되었다. 이 신문은 당시 미국 내의 유일한 민족 신문이었으며, 이 신문의 발간이 시작되자마자 다른 부족들에게도 영향을 주어 1850년엔 '촉토 인텔리젠서(Choctaw Intelligencer)'가, 1854년엔 '치카샤 인텔리젠서(Chickasaw Intelligencer)'가 각각 발간되기 시작했다. 이 사실은 아메리카 인디언에 대하여 잘못 된 고정관념을 갖고 있던 내게 큰 충격을 주었다. 이들도 누구 못지않은 지능과 식견을 갖고 있음을 그들의 박물관들에서 확인하게 되었기 때문이다.

***

체로키 네이션을 방문한 것은 아직도 광활한 미국 땅에 온존하고 있는 '식민주의의 잔재'와 그 근원을 확인하고 싶어서였다. 지금은 다수자들의 통치논리에 순응하며 '행복한 삶'을 누리고 있는 듯하지만, 민족의 트라우마로 남아 있는 '눈물의 여정'을 그들이 어떻게 잊을 수 있을까. 자신들의 말을 표기하기 위한 글자체계를 만들었고, 신문까지 발행했으며, 합리적인 사법 시스템까지 운영했던 그들의 지능과 문화를 과연 지배자로서의 백인들은 제대로 인식해온 것일까. 물론 과거의 역사를, 복수를 위한 근거자료 만으로 활용하는 것도 바람직하지는 않을 것이다. 그러나 그걸 완전히 잊어버릴 경우, 삶의 바탕인 정체성마저 잃게 된다는 사실을 그들 스스로 깨닫고 있음을 확인하게 되었다. 아주 아름답고 생생하게 유지하고 있는 박물관들에 그 증거물들은 시퍼렇게 눈을 뜬 채 살아 있었다.

스틸워터의 이웃동네에서 만난 판카 인디언들

스틸워터에 정착한 지 꽤 오랜 시간이 지나서야 거주지 주변의 것들이 하나하나 마음에 들어오기 시작했다. 멀지 않은 곳에 '판카 시티(Ponca City)'가 있다는 말을 들어오다가 캐나다에서 날아 온 큰 아이와 함께 답사에 나섰다. 원래 우리는 '폰카'로 발음했지만, '판카' 혹은 '팡카'로 발음하는 이곳 사람들을 따라 판카'로 바꾸었다. 집을 나서서 177번 하이웨이에 접어든 후 정북 방향 직선으로 대략 한 시간 반 정도의 거리에 있는, 아름다운 곳이었다. 울창한 나무숲에 숨듯이 들어선 집들은 모두 고급스러워 대체 어디에 판카 인디언들이 있다는 건지 어리둥절할 정도였다. 아칸사 강(Arkansas River)이 감돌아 흐르고 호수(Lake Ponca)가 고여 있어 풍광도 '짱'이고, 인구 또한 많지 않은지 거리는 대체로 한산했다.

판카 족은 수어족(Siouan-language group) 가운데 데기한 어(Dhegihan language)를 사용하는 사람들인데, 캔자스 주 오세이지 카운티의 오세이지 족·네브라스카의 오마하 사람들·오클라호마와 네브라스카의 판카 사람들이 사용하던 수어가 바로 데기한 어라고 했다. 미 연방정부가 인정한 두 종의 판카 족이 있는데, 네브라스카의 판카 족과 오클라호마의 판카 인디언들이 그들이었다. 후자가 바로 우리가 오늘 만나러 온 사람들. 그들은 미시시피 강 동쪽의 한 부족으로서 원래 오하이오 강 계곡에 살다가 사냥터를 찾아 서쪽으로 이동한 것으로 보인다. 'Ponca'는 칸사(Kansa), 오세이지(Osage), 쿼포(Quapaws) 사이의 한 클랜 명칭으로서 어원상 '살인자(Cut Throat)'란 무시무시한 뜻을 갖고 있다 한다.

이 부족 역시 여타 인디언들과 마찬가지로 백인 강제이주 정책에 의한 희생의 역사를 갖고 있었다. 판카 족의 역사는 꽤 길어서 구비전승에 따르면, 컬럼버스가 미 대륙으로 오기 전에 미시시피의 동쪽 지역으로부터 이주했다고 한다. 뉴욕 주에 살던 이로쿼이(Iroquois) 족의 침략을 받아 북쪽에 있던 전통 거주 구역을 버리고 오하이오 강 지역으로 밀려났던 것이다. 그 후 거기서 서쪽으로 이동했다는 것인데, 그 정확한 시기는 알 수 없다고 한다. 1701년 지도상에 모습을 드러낸 이후 서양 상인들과의 교섭을 지속해 오다가 중간에 천연두가 창궐하여 800여 명 되던 인구가 200으로 줄었으며, 19세기 후반에 이르러서야 다시 700으로 회복되었다 한다. 평원에 사는 대부분의 다른 인디언들과 달리 이들은 옥수수와 채소들을 재배했고, 바이슨 사냥을 하며 살았다.

1817년의 평화조약을 필두로 1865년까지 판카 족은 미국정부와 여러 차례 조약들을 맺으며, 그 과정에서 많은 우여곡절을 겪으면서도 자신들의 주권과 영역을 지키기 위해 애썼다. 특히 조약을 맺는 과정에서 미국의 실수로 자신들의 땅을 다 잃어버리게 되는 위기를 맞게 되자 이들은 미국 정부의 방침에 대항하여 집단 거주지로 이주하지 않는 방법을 쓰게 된다. 미 의회가 1876년 강제로 북쪽의 여러 인디언 부족들을 현재 오클라호마의 집단 거주지로 옮기기로 결정했음에도 새 보호구역이 농사에 부적합하다는 이유로 거부하게 된 것이다. 그러나 결국 강제로 옮겨야 했고, 새 땅에서 판카 족은 말라리아와 더운 날씨, 식량 부족 등으로 고생하다가 첫해에만 25%의 부족원들이 세상을 떠나는 비극을 당하기도 했다.

1877년 인디언 구역의 쿼포 보호구역으로 강제 이주된 뒤, 판카 족은 아칸사와 솔트 폭 강에 접한 자신들의 땅으로 재이주했으며, 동친혈연(同親血緣) 주민들은 티피(tipi) 마을을 구성했고, 혼혈 주민들은 치카스키아 강 언저리에 정착하게 되었다. 판카 지도부가 미 정부에 맞서는 동안 미국 정부는 커티스 법(Curtis Act)으로 부족의 정부를 해체하고 타 부족들과의 동화를 강요하면서

판카 족 영웅 스탠딩 베어(Standing Bear)

1891년과 1892년의 도스 법(Dawes Act) 아래 개개 구성원들에게 보호구역의 땅을 나누어 주었고, 분양 후 남은 땅은 인디언 아닌 사람들에게 팔 수 있도록 했다. 오클라호마 주가 성립된 후 나머지 판카 땅들은 풀려서 101개 목장의 주인들에게 팔렸고, 판카 주민들은 이곳에 고용되기도 했다. 1911년 판카 족의 땅에서 원유가 발견되면서 큰 수입을 올렸으나, 정유공장들이 아칸사 강에 폐유를 방류함으로써 환경이 파괴되는 재앙을 입기도 했다. 1950년에는 오클라호마 인디언 복지법에 의거, 판카 족은 새 정부를 만들었고, 같은 해 9월 20일에는 부족 헌법을 만들기도 했다. 판카 족 행정의 중심은 오클라호마 주의 화이트 이글(White Eagle)에 있으며, 현재 판카 족 인구는 4,200명에 달한다고 한다.

현재의 판카 족이 안정을 찾기까지 미국 정부와의 투쟁에서 중심 역할을 한 인물이 바로 스탠딩 베어(Standing Bear)라는 인물이었다. 사실 우리가 판카 족을 찾아 온 것도 그의 행적과 모습이 궁금해서였다. 어느 인디언 추장이나 마찬가지였겠지만, 그 역시 강제이주에 격렬히 저항했다. 심지어 그의 큰 아들이 죽을 때 그는 부족의 조상 땅에 묻어주겠다는 약속을 했을 정도였고, 실제로 보호구역에서 판카 족의 고향으로 되돌아가다가 체포되어 포트 오마하에 구금되기도 했다. 미국 정부의 허락 없이 보호구역을 이탈했다는 이유였다. 그의 체포와 구금에 많은 사람들이 법정 투쟁으로 그를 도왔고, 뛰어난 두 명의 변호사가 무료로 소송을 대리해 주기도 했다. 1879년 네브라스카의 오마하에서 열린 재판에서 미 연방 지방법원은 사상 최초로 미국 인디언들도 '미합중국 법안의 사람들'임을 인정하게 되었고, 그 결과 그들은 시민으로서의 권리를 쟁취하게 되었다. 말하자면 스탠딩 베어가 보여준 불굴의 저항 덕분에 결국 그들은 자신들의 법적인 권한을 얻게 되었던 것이다.

***

과연 우뚝 서서 내려다보고 있는 스탠딩 베어의 모습에서 일종의 숭고미가 느껴졌다. 미합중국 정부의 부당한 명령에 목숨을 걸고 항거함으로써 결국 자신의 부족은 물론 여타 인디언들이 보편적인 생존권을 부여받을 수 있도록 한 점에서 그는 인디언 사회의 진정한 영웅이었다.

석양을 등지고 서서 주변을 압도하는 그의 거대한 동상을 바라보며 특정 부족이나 민족의 미래를 개척하는 지도자의 온당한 리더십이 무엇보다 중요함을 깨닫게 되었다. 백인들과 여타 부족들이 섞여 살아가고 있는 그 공간에서 스탠딩 베어의 정신 덕에 판카 족은 인디언 사회로부터 존경받고 있음을 느낄 수 있었다.

길 가다 우연히 만난 아이오와 인디언 족

길가에서 만난 아이오와 부족 표지판

2013년 12월 16일 아침 10시쯤 집을 나섰다. 첫 목표지는 치카샤 인디언 네이션이 있는 에이다(Ada)였고, 거기로 가기 위해 타는 길이 177번 하이웨이였다. 그 177번길의 스틸워터 시내 구간은 퍼킨스 로드(Perkins Road)였고, 묘하게도 그 길은 퍼킨스 시티(Perkins City)로 연결되었다. 즉 퍼킨스 로드를 따라 스틸워터에서 벗어나 30분쯤 가니 퍼킨스 시티가 나오고 그로부터 남쪽으로 계속 4마일쯤 달리다가 눈에 번쩍 뜨이는 표지판을 만나게 되었다. 'Iowa Tribe of Oklahoma'란 글자들 밑에 이상한 모양의 문장(紋章)이 새겨진 앙증스러운 표지판이었다.

'부족'을 뜻하는 'tribe'란 말과 독수리 깃털로 만든 문장의 디자인이 분명 인디언을 지칭하는 것 같은데, 이전에 '아이오와 주(Iowa State)'는 들어보았으되, 그런 이름을 달고 있는 인디언을 들어본 적이 없던 터라 의아해 하면서도 처음엔 그냥 지나치고 말았다. 1~2분 정도 달리다가 아무래도 그냥 지나칠 순 없다

아이오와 부족의 족장

아이오와족의 지정학적 위치

는 판단이 들었다. 전혀 예상하지 못했다 해도 그것이 인디언 부족인 이상 그냥 가면 나중에 후회가 남을 것 같았다. 그래서 차를 돌려 그곳으로 들어가게 된 것이다.

하이웨이로부터 빠져나가 5분 정도 들어가니 과연 '아이오와 네이션'이 있었다. 주차장에 차를 대고 관리 사무소에 들어가니 20대 후반의 아가씨가 자리를 지키고 있었다. 그녀에게 이것저것 물었으나 기초적인 사항을 제외하고는 별로 아는 게 없었다. 책임 있는 인사를 만날 수 있느냐고 묻자 한참 만에 족장(Tribal Chairman)이 나와서 나를 자기 방으로 불러 들였다. 수인사를 나눈 뒤 그에게 여러 가지 질문들을 던졌다. 그러자 그의 입에서는 자기네 부족의 과거와 현재가 술술 흘러나왔다.

토착 원주민들 가운데 하나인 아이오와 부족은 (연방정부와의) 각종 조약과 법령 아래 인정된 자치정부를 갖고 있는, 말하자면 독립적 주권국가라고 했다. 자체 헌법과 각종 법률, 통치체제를 갖고 있다는 설명이었는데, 정말로 당신네 공동체가 '독립국가'냐고 물으니, 미국민이지만 어느 정도 자치를 인정받고 있다는 식으로 정정하기도 했다.

아이오와 사람들은 자신들을 '회색 눈(grey snow)'을 뜻하는 '바코제(Bah-Kho-Je)'로 부르는데, 그 말은 겨울 몇 달 동안 난방 연기로 그을린 눈에 뒤덮인 그들의 집이 회색으로 보인 데서 나왔으며, '아이오와 주(Iowa State)'의 이름도 '아이오와 부족'으로부터 나온 것이라 했다. 오네오타(Oneota) 지역민들의 후손인 아이오와 부족은 1600년대에 남서 미네소타의 파이프스톤 쿼리(Pipestone Quarry) 지역에 살고 있었고, 1730년대에는 북서 아이오와 오코보쥐(Okoboji) 호수와 스피릿(Spirit) 호수 지역의 마을들에 살고 있었다고 했다. 그 후 그들은 아이오와 주 카운슬 블럽스(Council Bluffs) 인근에서 남쪽으로 이동했고, 18세기 중반에는 그들의 일부가 드 모인(Des Moines) 강으로 이동해 올라갔다. 당시 남아 있던 사람들은 스스로 미주리의 그랜드 플랫강(Grand and Platte River)가에 정착했고, 연방정부와의 조약에 따라 미주리, 아이오와, 미네소타 등의 땅에 대한 권리를 포기하게 된 것이었다.

연방정부와 맺은 1936년의 워싱턴 조약에 따라 그들 중 일부에게 네브라스카와 캔자스에 있는 그레이트 네마하 강(Great Nemaha River)을 따라 보호구역을 할당해 주었으나, 나중에 아이오와 족 일부가 오클라호마의 인디언 구역으로 이주하게 되었다. 1883년 8월 15일자로 발령된 대통령령(Executive Order)에 의해 설립된 것이 원래 오클라호마 주 아이오와 보호구역이었다. 나중에 아이오와 네이션은 두 부분으로 분할되었는데, 오클라호마의 아이오와족은 남부 아이오와이고, 캔자스와 네브라스카의 아이오와족은 북부 아이오와였다.

족장은 특히 자신의 부족이 강인한 정신력으로 고난과 불공평 등 그들을 억압한 역사의 시련들을 견디어 온 데 대하여 강한 자부심을 갖고 있었다. 아이오와 족은 현재 490명 이상의 등록 인구를 갖고 있으며, 페인(Payne)·오클라호마(Oklahoma)·링컨(Lincoln)·로건(Logan) 카운티 전역 혹은 부분들을 아우르는 사법 관할권도 갖고 있었다. 아이오와 족은 지역 행정 기관과 부족 기업들의 회계부서, 부족이 운영하는 경찰과 소방서 등을 포함 다양한 분야에서 160여명이 고용되어 활약할 만큼 우수성도 인정받고 있었다.

설명을 들은 다음, 족장 뒤편에 걸려 있는 문장에 대하여 물었다. 인디언 부족들을 방문할 때마다 그들의 실(Seal) 즉 문장(紋章)이 어떻게 구성되었으며 무엇을 상징하는지 궁금했던 것이다. 그의 설명은 구체적이면서도 친절했다. 1978년 밥 머레이(Bob Murray)가 디자인한 이 문장에서 '생명의 순환 고리'를 의미하는 원이 있고, 그 안에 신성한 독수리의 깃으로 장식된 아이오와 전사의 전투모와 신성한 파이프(담뱃대)가 들어 있다. 아이오와 족 각각의 클랜(clan)은 자신들의 신성한 파이프를 클랜 우두머리 집

아이오와 족의 문장

으로부터 가까운 방어구역 안에 갖고 있으면서 각종 제사나 의식(儀式), 특히 평화와 동맹을 맺는 절차들이 있을 경우 가져와 사용했다. 또한 원 안의 쟁기는 아이오와 족의 농경 전통을 나타내며, 원의 양쪽에 매달려 있는 총채 비슷한 털 자루는 전통적으로 버팔로의 은신을 본뜬 떨림을 나타낸다고 했다. 독수리 깃털 네 개는 사방의 바람과 사계절을 나타내는데, 전통적으로 아이오와 족은 독수리를 존경해왔으며, 부족과 신을 매개하는 것이 바로 독수리라는 믿음을 가지고 있다는 것이다. 그렇게 단순치 않은 의미가 바로 이 문장에 숨어 있었다.

***

족장의 설명을 듣고 난 다음 방문한 갤러리에는 부족의 삶을 보여주는 물건들과 예술품들이 가득했다. 흩어져 있는 부족원들을 모두 합해 봐야 1,000명이 채 되지 않는 소수그룹이지만, 자신들의 정체성을 유지하기 위해 백방으로 노력하는 모습이 이방 나그네의 눈에는 매우 아름답고 감동적으로 보였다. 그러나 과연 이 작은 공동체는 앞으로 얼마나 지속될 수 있을까.

치카샤 네이션의 영역과 위치

지혜로운 치카샤 족, 인디언 사회의 자존심

　엄청난 공동체였다. 규모도 규모려니와 곳곳에 잠재된 역사와 문화의 실체, 그리고 진하게 감지되는 그들의 민족적 의지가 놀라웠다. 그동안 인디언들에 대해 갖고 있던 내 편견이나 무지가 부끄러울 정도였다. 오클라호마 주 서북쪽과 동쪽을 여행하면서 체로키와 오세이지 인디언들의 실체를 이미 확인한 바 있지만, 이곳 중남부에서 만나는 치카샤(Chickasaw)[1] 인디언들은 그 이상의 규모와 깊이를 갖고 있었다. 오클라호마 주 전체 153개의 카운티 중 13개(그래드(Grad)/맥클레인(McClain)/가빈(Garvin)/폰타탁(Pontotoc)/스티븐스(Stephens)/카터(Carter)/머레이(Murray)/쟌스턴(Johnston)/제퍼슨(Jefferson)/러브(Love)/마샬(Marshall)/브라이언(Bryan)/코울(Coal))로 구성되어 총인구 318,658명, 면적

---

1)　치카샤 컬츄럴 센터 큐레이터 들로리스(Deloris Jefferson)의 설명에 따르면, 치카샤 인들은 자신들의 명칭을 'Chickasha'로 적고 '치카샤'로 발음한다고 했다. 이와 달리 현재 미국의 공적인 문서들 대부분에는 'Chickasaw'로 적혀 있으며, '치카사' 혹은 '치카소'로 발음한다. 그러나 치카샤 인들은 미국식 보다는 자기들의 방식을 더 선호한다고 했다. 나는 'Chickasaw'라는 미국의 공식 표기를 따르되, 치카샤 인들의 생각도 존중하여 실제 발음은 '치카샤'로 한다.

23,456㎢에 달하는, 거대한 규모의 치카샤 네이션이었다.

177번 하이웨이를 타고 내려가던 중 아이오와 인디언 네이션을 만났고, 그로부터 대략 두 시간 쯤 뒤 치카샤 인디언 네이션이 있는 폰타탁 카운티의 에이다 시티에 도착했다. 원래는 스틸워터에서 직접 설퍼(Sulphur)로 달려가려 했으나, 네이션 본부 건물이 있는 에이다를 그냥 지나칠 수는 없었다. 이곳에는 현재 네이션 본부 건물들만 남아 있고, 그들의 실제 역사나 문화는 컬츄럴 센터가 있는 설퍼와 지난 날 이들의 수도였던 티쇼밍고(Tishomingo)에서 살펴볼 수 있었다.

에이다로부터 30분쯤 걸려 설퍼에 도착한 우리는 우선 치카샤 문화센터(Chickasaw Cultural Center)를 찾았고, 거기서 치카샤 족의 여성 큐레이터 들로리스(Deloris Jefferson)를 만났다. 마침 관람객이 없는 상황에서 우리는 그녀를 독점한 채 치카샤 민족의 역사와 문화에 대한 설명을 상세하게 들을 수 있었고, 설퍼에서 하룻밤을 묵고 난 다음 날 들른 티쇼밍고의 '치카샤 의회 박물관(Chickasaw Capitol Museum)'에서도 역시 지성적인 풍모의 여성 큐레이터 플로라 핑크(Flora Fink)로부터 다양한 컬렉션들에 얽힌 정치적 · 인류학적 설명을 들을 수 있었다. 두 여성 공히 경제적으로 부강하고 문화적으로 생동감 넘치며 활기에 찬 주민들로 이루어진 것이 치카샤 네이션임을 강조했다. 치카샤 문화센터와 의회박물관 등은 치카샤가 이 땅에서 한 때 살다가 사라진 민족이 아니라, 지금도 왕성하게 확장되는 현재와 미래의 민족임을 보여주는 현장이었다. 치카샤의 여성 지식인들을 대표한다고 생각되는 두 사람으로부터 들은 설명을 요약하면 다음과 같다.

분명치는 않으나 치카샤 족은 원래 촉토(Choctaw) 족과 함께 오늘날의 멕시코에서 시작되어 북미 쪽으로 이주했다 한다. 그들은 미시시피 강 근처에 살고 있었으며, 일부는 남부 캐롤라이나 주의 사바나(Savannah) 타운에도 살고 있었다.

1. 치카샤의 민족적 영웅 티쇼밍고(Tishomingo) 2. '눈물의 여정'에서 고통받고 있는 치카샤 가족상 3. 치카샤 후예인 큐레이터 플로라 핑크와 함께 4. 강인한 치카샤 여인의 모습 5. 치카샤 네이션 의사당

치카샤 족이 미시시피, 앨라배마, 테네시, 켄터키 등지의 큰 땅을 점유하고 있던 때는 다른 부족들에 비해 상대적으로 규모가 작은 시절이었다. 16세기 중반 스페인 사람 에르난도(Hernando de Soto)가 이끄는 탐험대가 치카샤의 존재를 세상에 알리게 되었는데, 그들은 결국 과도한 요구를 하던 탐험대를 패주시킴으로써 치카샤가 남동부 인디언 부족들 가운데 가장 무서운 존재라는 평판을 만들어 내기도 했다.

남북전쟁 이후 백인 이주자들이 서부로 이동하면서 치카샤 부족의 땅은 서부 팽창을 위한 주요 타깃으로 부상되었고, 루이지애나 매입지에 있던 미시시피 강 서쪽 땅을 미국정부가 차지하면서 치카샤 부족과 다른 동부 부족들을 서부로 이주시키기 위한 프로그램은 시작되었다. 그러다가 결국 1832년 이주 조약에 서명함으로써 치카샤 족은 미국 정부에 굴복했고, 그 조약은 1834년에 다시 협상될 수밖에 없었다. 새 인디언 구역 안의 미시시피 서쪽에 살만한 땅을 찾을 때까지 정부의 이주요구를 받아들일 수 없다는 것이 그 조약 속의 주요 조항들 가운데 하나이기 때문이었다.

적절한 땅을 찾을 수 없었던 현실의 대안으로 선택된 것이 촉토 족과의 동거였다. 치카샤 족은 새로운 인디언 구역 내 촉토 땅의 한 부분을 빌려 이주할 것을 강요당했다. 1837년의 조약이 바로 그것인데, 자신들의 정체성을 잃고 촉토 족의 한 부분으로 편입되었다는 것이 그들에겐 가장 큰 문제였다. 촉토 족 의회에 대표를 파견하긴 했지만, 그로 인해 자신들이 촉토 네이션의 소수자가 되었다는 점을 깨달은 것이다. 그런 불평등과 불합리를 해소하기 위해 많은 노력과 투쟁을 기울인 결과 1837년 촉토 족으로부터 '완전한 자신들의 땅'을 매입하기로 조약을 맺게 되고, 1855년의 새로운 조약을 통해 그들은 자신들의 네이션을 다시 한 번 확보하는데 성공했다. 이런 시대가 1907년까지 지속되었으나, 인디언 구역이 오클라호마 구역과 통합되면서 이 지역은 오클라호마 주의 한 부분이 되었고, 결국 모든 치카샤 인들은 미국인으로 통합된 것이다.

1907년부터 1980년대 초까지 치카샤의 혈통이나 연고를 계승한 몇몇 비공식적 기구들을 제외하면, 치카샤 네이션은 사실상 존재하지 않았던 셈이다. 1856년의 헌법에서 치카샤 인들은 부족의 추장이나 족장을 추대하던 수준으로부터 선출직 '거버너(Governor)'를 갖는 수준으로 상승되는 문명화를 이룩했다. 그러나 실제로는 치카샤 인들의 권리나 땅 문제에 대한 협상 등 거버너가 수행해야 할 많은 일들을 미국의 대통령이 맡아서 처리하게 됨으로써 이 시기가 치카샤 족에게는 정치적으로 사실상 '죽은 기간(Limbo Period)'이나 마찬가지였다. 1970년대에 이르러 인디언 운동가들의 거국적인 활동 덕에 인디언들의 권리는 세상 사람들의 관심사로 떠올랐고, 치카샤 족도 다시 깨어나기 시작했다. 1983년 치카샤 네이션이 만들어지고 새로운 헌법이 채택됨으로써 이 운동은 절정에 올랐으며, 결국 네이션은 오늘날의 모습으로 확대·발전되었다는 것이다.

앞에서 말한 것처럼 사실 치카샤 족은 강제이주를 당하면서 먼저 이주한 촉토 족과 5년 간 힘든 협상을 벌였다. 그 결과 1836년 땅을 사들인다는 합의를 바탕으로 우선 53만 달러에 촉토의 서쪽 땅 대부분을 매입하여 1837년 상당수의 치카샤 인들을 이주시켰고, 미시시피 강을 건너는 '눈물의 여정'을 통해 500명 이상이나 이질과 천연두로 죽어나가는 고통을 감내하면서까지 현재의 땅에 안착하여 보금자리를 꾸리게 된 것이다. 그야말로 치밀하고 집요한 치카샤 정신을 보여주는 역사적 사건이었다. 이처럼 부족 전체가 우수한 자질을 갖추고 있었을 뿐 아니라, 티쇼밍고(Tishomingo)[2]나 잔스틴(Douglas H. Johnston) 같은 걸

---

2) 티쇼밍고는 치카샤 인들이 추앙하는 민족적 영웅이다. 티쇼밍고는 그의 부족원들과 함께 고향을 떠나 트레일 도중인 1838년에 죽었다. 치카샤 인들은 그들만의 네이션을 만들기 위해 1856년 촉토로부터 떨어져 나왔고, 네이션을 만들어 그 수도를 '티쇼밍고 시티'로 명명했으며, 문장(紋章)으로 그의 용기를 선양했다. 1867년 8월 16일, 새 치카샤 네이션의 헌법에 따라 만들어진 이 문장은 치카샤 네이션이 호클라호마 주에 편입, 해산될 때까지 모든 공식 서류들에 빠짐없이 첨부되어 왔다.

잔스턴 카운티 역사 · 계보학회 건물
과거 치카샤 은행건물을 이어받아 박물관으로도 사용하고 있음

출한 지도자들이 출현함으로써 그들은 민족의 정체성을 지키면서도 미합중국의 일원으로 안착할 수 있었던 것이다.

모든 인디언 공동체들이 마찬가지이겠지만, 특히 치카샤 네이션은 민족정신과 문화유산 등을 바탕으로 확산되어온, 역사적 공간이었다. 연방정부가 부족의 독점적 운영권을 보장한 카지노들이 상당수 인디언 공동체들에서는 게으름과 퇴행의 주범으로 지목되고 있다. 그러나 그런 수입을 무의미하게 탕진하지 않고 2세 교육이나 산업에 대한 재투자를 통해 미래의 재원으로 만들어 나가는 데서 치카샤 인들의 지혜가 빛나고 있었다. 티쇼밍고의 치카샤 뱅크 뮤지엄에서 만난 큐레이터는 치카샤의 2세들이 돈 한 푼 내지 않고 대학을 다닌다고 자랑했는데, 바로 그런 점이 좋은 사례였다.

티쇼밍고로부터 30분 거리의 '치카샤 백악관(Chickasaw White House)'에서 읽어낸 그들의 정신도 그와 부합하는 것이었다. 1895년 오클라호마 밀번(Milburn)에 세워진 이 집은 1898년부터 1971년(이 해에 이 건물은 국가 등록 사적지로 지정되었음)까지 치카샤의 거버너 잔스턴과 그 후예들이 살던 저택이었다. 그런데, 왜 그들은 자신들의 거버너가 살던 집을 'White House'로 불렀을까. 백인 중심으로 꾸려가던 미합중국에 결코 꿇리지 않겠다는 치카샤 나름의 민족적 자존심이 그런 이름으로 나타났을 것이다. 미국을 주도하는 백인들이 워싱턴에 'White House'를 갖고 있듯이 자신들도 이곳 오클라호마의 밀번에 자신들만의 'White House'를 갖고 있노라는 자존의식의 발로였을 것이다. 이것이 치카샤인들이 보여주는 불굴의 자존심이었다.

촉토 족의 뿌리와 투쟁, 그리고 예술

치카샤 땅인 티쇼밍고를 거쳐 촉토 땅인 듀랑(Durant)에 들어섰다. 이곳 사람들은 듀랑이 오클라호마시티나 털사 등을 제외한 모든 지역들 가운데 가장 높은 성장률을 보이고 있으며, 미국에서 가장 빨리 성장하는 도시들 가운데 하나라는 자부심을 갖고 있었다. 특히 도심으로부터 겨우 10마일 이내에 미국 내 최대 인공호수들 중의 하나인 텍소마 호수(Lake Texoma)가 있어 매년 6백만의 관광객이 몰리며, 해마다 메모리얼 데이에 이어 열리는 목련 축제에도 대규모의 관광객들이 밀려들 만큼 매력적인 도시라는 점을 강조했다. 무엇보다 우리가 찾는 촉토 네이션의 본부(headquarter)가 있었으며, 규모 또한 촉토 네이션 안에서는 맥컬레스터(McAlester) 다음으로 큰 도시였다. 특이한 점은 이곳이 주의회에 의해 '오클라호마 목련의 수도'로 지정되었다는 점인데, 목련 축제 역시 그런 공식적인 인정에 의해 열리는 행사였다. 이 도시의 '남동부 오클라호마 주립대학(Southeastern Oklahoma State University)' 캠퍼스를 '천 개의 목련꽃 캠퍼스(The Campus of a Thousand Magnolias)'라고 부를 만큼 이 도시는 오클라호마 주 목련꽃의 본고장이었다.

그러나 도시의 첫인상은 그리 밝거나 윤택하지 못했다. 한켠에 괴물처럼 서 있는 엄청난 규모의 회색 공장은 도시를 우중충하게 만들었으며, 다운타운의 상당수 비어있는 건물들도 기름기가 빠져 부분적으로 폐허와 같은 느낌을 주

와쉬타 요새 정문

었다. 중소도시들의 경기가 나빠지자 사람들이 대도시로 이사 간 뒤 남겨진 집들을 처리하지 못한 까닭일 것이다. 관리되지 않는 빈 집들은 도시 전체의 활력을 갉아먹고 있었다. 어떤 건물은 전통음식점으로 탈바꿈 되어 생명을 이어가기도 했으나, 전체 분위기를 추스르지는 못했다. 비교적 새로운 건물들이 들어서 있는 신시가지의 호텔에 잠자리를 정하고, 인근에서 저녁 한 끼를 해결한 우리는 이 도시에 큰 기대를 걸지 않기로 했다. 아침 일찍 인근의 포트 와쉬타(Fort Washita)와 '삼강 계곡 박물관(The Three Valley Museum)'을 본 다음 아이다벨(Idabel)로 이동하여 1박을 하기로 한 것이다.

치카샤와 마찬가지로 촉토도 넓은 땅이었다. 원래의 면적을 반분하여 치카샤에 넘겨주고 남은 땅이었고, 평원뿐인 오클라호마 주에서 보기 드물게 산악(그렇다고 아주 높거나 험준하지 않은) 지역이 많다는 점 또한 특이했다. 대표적으로 포트 와쉬타와 포트 토우손(Fort Towson) 등의 군사기지들이 있을 만큼 고지대였고, 동북쪽으로 이어지는 산악을 따라 수많은 호수들과 계곡들을 기반으로 주립공원들이 집중된 지역이 바로 촉토 네이션이었다. 촉토는 이런 지형을 가진 11개의 카운티[휴즈(Hughes)/코울(Coal)/아토카(Atoka)/브라이언

choctaw족 여인들

(Bryan)/피츠버그(Pittsburg)/하스켈(Haskel)/래티머(Latimer)/푸쉬마타하(Pushmataha)/촉토(Chocktaw)/르 플로어(Le Flore)/맥커튼(McCurtain)]에 총 인구 256,598명, 29,594㎢로, 치카샤에 비해 인구는 적으나 면적은 약간 큰 규모였다.

그렇다면 촉토 족은 어떤 사람들이었을까. 치카샤 지역에서 만난 어떤 지식인은 촉토 족이 원래는 자신들과 동조동근(同祖同根)이었다가 나중에 갈라졌다고 했으나, 나는 아직 문헌으로 확인하지 못했다. 그들은 무스코기 어족(Muskogean Linguistic Family)의 일원이고, 유럽에서 건너 온 백인들과 접촉하기 전까지 천년 이상을 미시시피 강에서 번성하던 '마운드 빌딩(mound-building: 무덤이나 흙 둔덕을 남긴 선사시대 북미 인디언 제 부족의 건축양식)'과 '옥수수 주식 기반(maized-based)' 사회에 뿌리를 둔 부족이었다. 그들 역시 치카샤와 마찬가지로 에르난도가 이끄는 스페인 탐험대와 피나는 싸움을 벌이기도 했으나, 그로부터 2세기 뒤에는 유럽의 무역상들을 받아들여 상거래를 시작했다. 당시는 워싱턴 대통령이 인디언 부족들을 통합하여 유럽계 미국인 문화에 적응시키고자 했고, 많은 촉토 사람들도 이미 백인들과 결혼하기 시작했으며, 기독교를 신봉하거나 백인들의 관습으로 전환하기도 했다. 촉토가 체로키, 치카샤, 크릭, 세미놀 등과 함께 '문명화된 다섯 종족(Five Civilized Tribes)'으로 불리게 된 것도 그 때문이었다.

다른 부족들과 마찬가지로 이들 역시 '눈물의 여정'을 겪었다. 촉토는 1786년 '호우프웰의 조약(Treaty of Hopewell)'을 시작으로 남북전쟁 이전 이미 미국정

백인 혼혈 지성인으로서 촉토
족 족장을 지낸 Peter Pitchlynn
(1806–1881)

전통의상을 입고 있는 촉토 가족(1908년경)

부와 9개의 조약을 맺은 상태였다. 모두 미국과 촉토족 사이의 경계를 확정하
거나 평화적인 관계를 수립하자는 것이 그 조약들의 공통된 목적이었다. 그러
나 그 후 미국 정부는 촉토와의 경계선을 재조정하거나 심지어 촉토로 하여금
수백만 에이커의 땅을 포기하도록 강요하다가 결국 1830년 조상 대대로 물려
내려온 촉토 땅을 빼앗고, 미시시피 강 서쪽 인디언 구역에 그들을 몰아넣고
말았다. 그곳으로 옮기는 과정이 바로 '눈물의 여정'이었고, 그 여정 중에 2,500
여명이 죽었다. 그런 쓰라림을 겪은 그들이었지만, 그들의 심성은 모질지 않았
다. 새로운 땅에서 필사적인 노력으로 생업을 일으켰고, 자신들만의 새로운 헌
법과 자치제도를 만들었다. 학교와 교회들을 세웠고, 감자 흉년으로 기근이 들
었을 때에는 돈을 거두어 고통을 함께 하기도 했다.

이 과정에서 무엇보다 중요한 것은 그들이 미국정부를 원망하지 않았다는
사실이다. 결혼이나 교육을 통해 미국인이 되기 위해 노력했고, 제1차 세계대
전에는 많은 부족의 젊은이들이 참전하여 큰 전공을 세웠으며, 한국전에도 많
은 젊은이들이 참전하여 이들 중 전사한 사람도 16명이나 되었다. 특히 1차 세

계대전에는 촉토어가 연합군의 암호로 채택됨으로써 암호 해독병으로 많은 젊은이들이 활약했고, 그 중 다섯 명은 대통령의 훈장까지 받았다.

우리는 아침 일찍 포트 와쉬타를 찾아 같은 국민들이 편을 갈라 싸운 전쟁의 참화와 비극을 느껴보기로 했다. 다운타운에서 진지까지 30분 정도 걸리는 길은 호수와 숲이 어우러진, 빼어난 경관의 연속이었다. 전적지 문을 들어서자 사방에 밑동만 남긴 채 당시의 건축물들은 대부분 사라지고 없었다. 사무실로 들어가자 안내원이 남군과 북군으로 갈려 싸우던 당시의 상황을 특유의 남부 사투리로 실감나게 설명했다.

설명을 들은 후 우리는 전쟁의 폐허를 직접 만져 보기로 했다. 참호들, 중대막사, 포대, 주방 등이 곳곳에 널려 있었고, 전몰자들을 묻은 공동묘지도 한켠에 마련되어 있었다. 그리고 '골드 러쉬(Gold Rush)' 당시 캘리포니아 행 열차가 이곳에서 출발했음을 알려주는 객차 한 량도 전시되어 있었다. 드넓은 황야에서 '돈을 캐러' 몰려다니던 당시 백인들의 충혈된 눈동자가 폐허들 곳곳에 박혀 있는 듯 했다. 전쟁 당시 이곳 인디언들은 '남부 연합군'에 소속되어 있었고, 그들 가운데서 장군까지 배출되었다. 돈이 많고 대오(隊伍)가 정렬되어 있던 북군과 달리 옷도 장비도 시원치 않았고 무엇보다 훈련이 제대로 되어 있지 않았을 남군의 초라한 모습이 벽면 가득 그려져 있었다. 이 진지에도 인디언의 흔적은 그렇게 남아 있었다.

우리는 듀랑의 다운타운으로 귀환하여 앤틱 풍의 식당에서 이곳 전통음식으로 시장기를 지운 뒤 '삼강계곡 박물관(Three Valley Museum)'을 찾았다. 삼강(三江)이란 'Blue River, Red River, Washita River' 등인데, 1976년 개관한 이 박물관의 이름은 듀랑에 관한 맥 크리어리(McCreary)의 책 'Queen of Three Valleys'에서 따왔다고 한다. 듀랑 역사학회에 의해 운영되는 이 박물관의 핵심 컬렉션은 생활사 자료들이었다. 1873년에 시작된 브라이언 카운티와 듀랑을 대표하는 박물

듀랑의 삼강계곡박물관

관을 만드는 것이 이 학회의 목표로서, 이곳에 소장·전시된 모든 컬렉션들은 시민이나 관광객들, 연구자들이 모두 즐기고 참고할 수 있도록 하는데 초점을 맞추었다는 것이 큐레이터의 설명이었다. 그러나 큐레이터의 설명에 비해 실제 컬렉션들은 우리가 이미 보아 온 지역의 어느 박물관에 비하더라도 양적으로나 질적으로 낮다고 할 만한 것들이 없었다. 그런 실망감 속에 박물관을 떠나 촉토 네이션 본부와 다운타운을 둘러 본 다음 듀랑을 떠날 수밖에 없었다.

듀랑을 떠난 우리는 70번 하이웨이를 타고 촉토 카운티를 지나 아이다벨로 향했고, 중간에 포트 토우손을 들렀다. 아이다벨에서 1박을 한 다음 날 다운타운 바깥의 레드 리버 뮤지엄(Museum of the Red River)과 브로컨 바우(Broken Bow), 휴고(Hugo)의 휠락아카데미(Wheelock Academy)를 거쳐 투스카호마(Tuskahoma)의 촉토 내셔널 뮤지엄(Choctaw National Museum)까지 가야 하는 대장정이 기다리고 있기 때문에 서두르지 않을 수 없었다. 다음날까지 촉토 장정을 마쳐야 느긋한 마음으로 위워카(Wewoka)에 있는 세미놀 내셔널 뮤지엄(Seminole National Museum)을 들를 수 있기 때문이었다.

포트 토우손의 작은 유물 전시관

포트 토우손은 휴고로부터 11마일쯤 동쪽으로 떨어진 곳에 있는 인구 600여 명의 소도시로서 그 외곽에 옛날 진지의 흔적이 남아 있었다. 원래 이 진지는 남쪽에 있던 멕시코와 그 멕시코의 관할 하에 있던 텍사스로부터 인디언 구역 의 경계선을 보호하기 위해 만들어졌으며, 그 지역에 인디언이 떠나고 촉토 족 이 재정착한 후에는 1마일 서쪽의 독스빌(Doaksville)을 지키기 위해 이 진지는 다시 활성화 되었다고 한다.

그런데 역설적인 것은 남부연합군에 가담한 촉토 족들이 남북전쟁에서 패하 고 북군에게 항복한 현장이 바로 독스빌이라는 사실이었다. 즉 1865년 6월 23 일 남북전쟁 당시 마지막 남부연합군의 지상 전력이 항복한 현장이 바로 포트 토우손이었고, 당시 체로키 출신 지휘관이었던 스탠드 웨이티(Stand Watie) 준 장이 휴전 및 항복 조건들에 합의한 다음 촉토 군 대대를 전장으로부터 빼냈다 고 한다. 바로 그 현장에 우리가 간 것이었다. 촉토 족의 땅이었으면서도 남북 전쟁에서 패배함으로써 촉토 전사들이 크게 수모를 당한 역사의 현장이었다 는 점 때문에 매우 흥미로운 지역이기도 했다. 그래서인지 진지에서 만난 안내 원도 이곳에서 전투가 있었는지 여부에 대해서 잘 모르고 있었다. 말하자면 큰 전투는 없었고, 다만 전투가 마무리된 곳일 뿐이었다.

토우손을 거쳐 들어간 아이다벨은 비교적 넓고 큰 도시였으나, 쇠락한 다운 타운이 도시 전체의 활력을 갉아먹고 있다는 점에서는 앞서 1박을 한 듀랑과

레드리버 뮤지엄의 심플하면서도 멋진 외관

마찬가지였다. 다행히 도시 외곽에서 비교적 깨끗한 숙소를 찾았고, 저녁식사로 멕시칸 레스토랑에서 예상치 못한 미각을 맛보는 행운까지 누리게 되었다.

다음 날 이른 시각에 찾은 곳이 바로 '레드 리버 뮤지엄'. 멋진 외관의 단층 건물이었다. 일찍 도착한 까닭에 한참을 기다린 뒤 10시가 되어서야 입장할 수 있었다. 1975년 개관했다는 이 박물관은 특이하게도 선사시대부터 오늘날까지 여러 분야에 걸친 컬렉션들이 갖추어져 있었다. 눈에 띄는 컬렉션들은 이 지역 원주민인 캐도(Caddoan)공동체의 예술품들, 콜럼버스 시대 이전의 물건들, 원주민들의 민족지적(民族誌的) 생활예술 작품들, 현대 원주민의 예술작품들, 미국 전역의 공예품들, 아프리카·동아시아·태평양 제도(諸島)의 대표적 예술품들 등등, 다양했다.

우리가 특별히 관심을 갖게 된 대상은 도자기 등 생활예술의 빼어난 수준을 보여주는 캐도 공동체의 존재였다. 캐도는 전통적으로 지금의 동 텍사스, 북루이지애나, 남 아칸사와 오클라호마 등지의 원주민 종족 연합체를 말한다. 말하자면 '다종족 원주민 연합체'가 바로 캐도인 셈이다. 현재 오클라호마 캐도 네이션은 빙거(Binger)에 수도를 갖고 있는, 단일 연합체다. 우리가 아이다벨의 이 박물관에서 그들의 생활예술품들을 접한 것은 일종의 행운이었다. 색상이 밝고 디자인이 아름다웠으며, 실용성을 겸한 점이 우리의 전통예술과 비슷

휠락 아카데미(Wheelock Academy)

하다는 느낌을 주었으나, 최근에 만든 작품들이 대부분이어서 그 역사성을 찾아보기에는 한계가 있었다. 캐도 예술품들 외에 다른 지역의 것들도 많았으나, 우리의 답사 목적이 주로 이 지역 원주민들의 삶과 역사인 만큼 이 박물관이 소장하고 있는 다른 나라나 지역의 것들은 우리의 관심 밖이었다.

촉토 족의 탁월한 교육열, 풍부한 역사 자취

레드 리버 뮤지엄 관람을 끝으로 아이다벨을 떠나 다시 70번 하이웨이를 타고 20분 정도 가니 맥커튼(McCurtain) 카운티의 밀러튼(Millerton)이란 작은 도시가 나왔고, 다운타운 직전에 오른쪽으로 빠져 나가 10분 정도 달리니 산 속 조용한 곳에 제법 큰 규모의 학교 휠락 아카데미(Wheelock Academy)가 나타났다. 지난 날 촉토 족의 선진성과 교육열을 상징하는 교육기관이었다. 들어가니 드넓은 언덕 위에 여러 채의 건물들이 서 있었는데, 대체로 낡아서 어떤 건물은 금방 무너질 것 같았다. 1832년에 건립된 곳으로 미국 내 가장 이른 교육기관들 가운데 하나였다. 우리가 거쳐 온 밀러튼의 북동쪽 1~1.5마일, 아이다벨의 북쪽으로 10~12마일쯤 떨어진 곳에 있었다.

물론 이 학교가 촉토 족의 정체성을 길러주기보다는 미국의 체제에 순종하는 인간상을 육성하는 데 중점을 두고 있었다는 일부의 견해도 있긴 하지만, 이 시기에 보편적 지식인의 육성을 목표로 신식 학교 체제를 갖추었다는 사실 만큼은 인정할 필요가 있을 것이다. 이 학교는 어린 소녀들을 위한 미션 학교로 시작되었다. 무어(Moor)의 인디언 학교 설립자인 엘리저 휠락(Eleazar Wheelock) 목사의 이름을 교명으로 딴 것인데, 무어의 인디언 학교는 나중에 다트머스 칼리지(Dartmouth College)로 이름을 날리게 된다. 1839년, 학생들이 몰리자 캠퍼스 건물에 두 층의 기숙사가 증축되기도 했다. 1842년 촉토 네이션의 첫 아카데미가 된 이 학교는 다섯 문명화된 인디언 종족들에게 학교 시스템의 모범적 사례로 정착했다. 그 휠락의 교사들이 교육자이자 선교사 역할을 담당한 것은 물론이다.

그들은 교과목들(가정경제, 영어, 지리, 역사, 과학)과 함께 바이블을 가르치고 매사에 행동으로 모범을 보임으로써 학생들에게 큰 영향을 주었다. 오전 5시간 동안 교과목들을 가르치고, 오후 4시간 동안 물레 돌리기, 베 짜기, 뜨개질, 바느질, 재봉질 등 집안일에 도움 되는 과목들을 가르쳤다. 남북전쟁 때 폐쇄되었고, 1869년 화재로 상당 부분이 소실되었으며, 그 뒤 많은 우여곡절들을 겪은 뒤, 현재 이 학교는 오클라호마 주에서 '가장 위험에 처한' 역사 자산들 가운데 하나로 전락하고 말았다.

참으로 놀라운 일이었다. 이들이 일찍부터 이처럼 풍광 좋은 곳에 기숙학교를 건립하고 2세 교육에 열을 올렸다는 것은 무엇을 의미할까. 그야말로 아메리카 인디언들이 '미개하다'는 우리의 편견을 송두리째 부정하는 현장이었다. 이주해온 백인들에게 무참하게 당하고 난 그들이 절실하게 깨달은 것은 2세교육이었다. 지배자들을 넘어서기 위해서는 그들보다 월등하게 머리를 써야 한다는 사실을 알게 된 것이었다. 휠락 아카데미는 바로 그 생생한 증거였다.

휠락 아카데미를 출발한 우리는 래티머(Latimer) 카운티, 투스카호마(Tuskahoma)

촉토 내셔널 히스토리 뮤지엄

의 촉토 내셔널 히스토리 뮤지엄(Choctaw National History Museum)으로 달렸다. 계속 이어지는 키아미치 산맥(Kiamichi Mountains)은 평원 일색인 오클라호마 주의 일반적인 모습과 전혀 달랐다. 산들은 높지 않으나, 주변의 숲이 울창하고 왕래하는 차들도 없는 산길이 호젓했다. 하늘은 흐려오고, 바람도 슬슬 불기 시작했다. TV에서 일기예보를 보고 온 우리의 초조한 마음과 달리 한가하게 풀을 뜯고 있는 주변 목장의 소들이 부러웠다. 휠락으로부터 두 시간을 족히 달려 간신히 투스카호마의 뮤지엄에 도착하니, '날씨 때문에 일찍 퇴근한다'는 안내문이 출입문에 붙은 채 닫혀 있었다. 이 뮤지엄을 본 다음 세미놀 네이션까지 가려던 계획에 차질이 생기게 되었다. 투스카호마에는 잘 곳도 없었다. 궁여지책으로 20분 거리의 클레이튼(Clayton)으로 이동, 마을의 하나뿐인 모텔에서 하루를 묵기로 했다.

이튿날, 일찍 뮤지엄에 도착하니 직원들이 막 출근해 있었다. 겉모양처럼 뮤지엄의 내부도 아름답게 꾸며져 있었다. 촉토 인들의 생활사, 네이션의 지도자들, 군인들 특히 암호 해독병들의 활약상, 휠락 아카데미를 비롯한 교육의 현장, 민속자료, 예술작품 등등, 많은 컬렉션들이 촉토의 역사와 문화에 대한 설명을 위해 집중 배치되어 있었다. 국가 권력에 의해 고향으로부터 쫓겨나 다른

투스카호마의 촉토족 붉은 전사상

지역에 강제로 정착했던 참담한 기억은 이들에게도 일종의 '집단적 트라우마'로 남은 듯, 이곳에도 '눈물의 여정'은 강조되어 있었다. 뮤지엄 건물 밖에도 볼 것들이 많았다. 그들이 숭상해오던 '붉은 전사(Red Warrior)'상, 부족의 지도자들, 전몰용사 추모비(그 가운데는 6 · 25 당시 희생자들의 추모비도 있었다) 등이 있었다. 길 건너에는 촉토 족의 전통마을이 조성되어, 주거환경과 공동체 활동을 중심으로 하는 그들의 옛날 모습이 전시되어 있었다.

***

현장에서 접한 촉토 족의 역사와 문화는 말 그대로 언제든지 뛰쳐나올 것 같은 '살아있는 화석'이었다. 그들의 자부심이나 자존심은 지금도 용광로처럼 펄펄 끓고 있었다. 맨 처음 고등교육기관을 설립한 그들의 꿈은 무엇이었을까. 2세를 가르치고 깨우쳐 주지 않으면 자신들의 미래가 없다는 것을 그들은 이미 깨닫고 있었던 것이다. 우리가 그들에 관해 갖고 있던 오만과 편견은 그들 앞에 서는 순간 눈 녹듯 사라져 버렸다. 그들의 상당수는 이미 미국의 주류사회에 편입되어 '미국인'으로 살고 있지만, 그들의 내부에서 약동하는 혈맥은 오롯이 촉토인의 그것임을, 드넓은 그들의 네이션은 말해주고 있었다.

놀라운 세미놀(Seminole) 인디언들의 역사와 문화의식

세미놀 네이션의 문장

세미놀 족을 만난 것은 참으로 우연이고 행운이었다. 브라이언 군의 졸업 축하 파티에 참석했을 때, 그의 미국인 친구 한 사람에게 고향을 물었더니 '세미놀'이라 했고, '인디언 부족 이름'에서 온 것이라고 했다. 그날 밤으로 그것이 인디언 부족 이름이자 그 부족의 네이션이 속해 있는 카운티 이름임을 확인하게 되었다. 세미놀과의 만남은 그렇게 시작되었고, 치카샤와 촉토를 거쳐 드디어 그 실체를 육안으로 확인하게 되었다. 세미놀이 그동안 돌아 본 체로키·치카샤·촉토·크릭과 함께 '문명화된 다섯 종족'을 형성한다 하니, 적잖은 호기심이 발동된 것도 사실이었다.

'촉토 내셔널 히스토리컬 뮤지엄'을 나선 우리는 키아미치 산간을 꿰뚫는 63번, 270번 하이웨이를 번갈아 타고 점심을 훌쩍 넘긴 무렵에서야 세미놀 카운티의 위워카(Wewoka) 다운타운에 도착했다. 뭔가 잔뜩 쏟아질 것만 같은 우중충한 날씨에 퇴락한 시가지의 모습까지 겹치니 분위기가 음산했다. 다운타운엔 빈 상가들이 즐비했고, 페인트가 벗겨져 초라해 보이는 집들도 부지기수였다. 다른 지역의 상당수 중소도시들에서 이미 목격한 것처럼 이 도시도 기름기가 빠진 채로 누워 있었다. 아마도 원유의 고갈로 지역경기가 죽었기 때문일 것이다. 경기가 좋은 대도시로 사람들이 빠져나가 텅 빈 집들은 사람의 온기를 받지 못한 채 삭아들고 있었다. 살아있는 레스토랑 한 군데를 간신히 찾아내 시장기를 지우고, '세미놀 네이션 뮤지엄(Seminole Nation Museum)'에 갔다. 아담하고 아름다운 디자인. 세미놀 사람들의 미학이 묻어나는 건축이었다.

세미놀 네이션 뮤지엄

　연방정부에 의해 인정된, 미국 전역의 세미놀 족 집거지는 세 군데로 알려져 있다. 오클라호마 주의 세미놀 네이션, 플로리다의 세미놀 트라이브, 플로리다의 미코수키(Miccosukee) 트라이브 등이 그것들이다. 물론 세미놀 족의 원 고향은 플로리다 주였다. 세미놀과 미합중국 군대와의 2차 세미놀 전쟁(1835~1842) 이후 플로리다에서 인디언 거주구역으로 강제 이주되어 온 3천명의 세미놀 족 후예들이 현재 오클라호마 주에 살고 있었다. 오클라호마의 세미놀 네이션은 세 군데 집거지들 중 규모가 가장 큰데, 우리가 찾은 위워카 시티가 바로 오클라호마 세미놀 네이션의 본부가 있는 곳이다. 현재 세미놀 족 등록 인원은 18,800명. 그 중 대략 13,500여명이 오클라호마 주에, 그 중 대략 5,300여명이 세미놀 카운티에 각각 거주하고 있다. 1936년 인디언 재건법이 공표되면서 세미놀 족은 세미놀 카운티를 관장하는 그들 자체의 정부와 사법 시스템을 되살려 내기 시작했다. 3차 세미놀 전쟁(1855~1858)을 겪으면서도 플로리다에 남아있던 수백 명의 세미놀 인들은 연방 정부의 압박에 굴하지 않고 결국 평화를 쟁취함으로써, 그 후예들은 연방정부로부터 인정을 받는 두 개의 세미놀 트라이브를 형성하게 되었다. 따라서 현재의 세미놀 족은 오클라호마 한 군데와 플로리다 두 군데 등 세 지역으로 나뉘게 된 것이었다.

세미놀 큐레이터의 설명에 따르면, 세미놀 인들의 말은 무스코기 어(Muskogean Language)에 속하는데, 전통적으로 서로 통하지 않는 두 말, 즉 미카수키(Mikasuki)와 크릭(Creek)어를 동시에 사용해 왔다고 한다. 그러나 크릭 어가 정치적·사회적 지배언어였으므로, 미카수기 어를 쓰는 사람들도 크릭 어를 배울 수밖에 없었다. 조사 결과 2000년대 초까지 부족원의 25% 정도가 크릭 어와 영어를 사용하고 있었으며, 나머지는 영어만 쓰는 것으로 밝혀졌다고 한다. 현재 오클라호마에 있는 네이션의 대부분 세미놀 인들은 영어를 제1언어로 쓰고 있으나, 부족 차원에서 전통적인 크릭 어를 살려내기 위해 애를 쓰고 있다 한다.

다른 인디언 종족들과 마찬가지로 이들도 사회구조의 가장 기본적인 가족단위 바로 위에 '클랜(Clan)'이란 단위를 갖고 있었다. 아주 오랜 옛날 특정 동물 혹은 초자연적 정령들과 스스로를 동일시하는 사람들이 서로 연계를 맺고 고난을 견뎌 낸 것은 어느 지역이나 마찬가지였다. 우리가 이미 만나 본 치카샤 족도 촉토 족도 구성원 누구나 특정 클랜에 속해 있었고, 너구리·악어 등 특정 동물을 자기 클랜의 상징동물로 삼고 있었는데, 그 점은 이곳도 마찬가지였다. 이런 불문(不文)의 제도 아래, 세미놀의 성인들은 자기네 부모가 속한 클랜들 밖에서 결혼상대를 찾아야 할 의무를 갖고 있었다. 말하자면 우리나라의 동성동본 혼인금지와 같은 제도라고 할 수 있는데, 근친혼을 금함으로써 종족을 건강하고 우수하게 유지하려는 지혜의 발로였다.

문을 열고 뮤지엄에 들어가니 실제 모습대로 전시된 세미놀 족의 전통 생활양식이 눈을 끌었다. 모닥불을 중심으로 주방과 거실이 함께 붙어 있었는데, 설명을 위해 그 옆에 붙여놓은 클레이(Clay MacCauley)의 말이 흥미로웠다.

> "세미놀의 가정에 들어가면 누구나 사람들이 모이는 중심에 모닥불이 있는 것을 보게 된다. 그곳은 요리가 준비되는 장소이고, 가족과 그들의 친구들이 사교를 나누는 장소이며, 스토리가 만들어지고 이야기되는 장소다."

박물관에 복제해 놓은 세미놀 족의 전통가정

　지금까지 만나본 모든 인디언 부족들과 마찬가지로 세미놀 족도 '가족 간의 유대나 사랑'을 중시한다는 점과 모계사회라 할 정도로 여성의 발언권이나 힘이 절대적이라는 점을 알게 되었다. 모닥불 위에서 보글보글 끓고 있는 수프와 그 주위에 앉아 음식이 나오기를 기다리며 이야기를 나누는 가족들, 다 된 음식을 각자에게 덜어주는 주부 등 익히 보아오던 가족 공동체의 아름다운 모습이 뮤지엄의 첫 공간에 제시되어 있었다. 그 공간에서 만들어지고 이야기된다는 '스토리'란 무엇일까. 이제야 우리도 생활 속에서 스토리를 중시하게 되었는데, 세미놀 족은 당시부터 스토리가 있어야 생활공간 구석구석에 생명이 깃든다는 사실을 깨닫고 있었으니, 그들의 선진성은 대단하다 할 것이다. 아마도 세미놀인들은 끈끈한 가족공동체의 전통을 외부 손님들에게 보여주고 싶었으리라.

　그 뿐 아니었다. 크고 많은 공간들에 전통시대로부터 현대에 이르기까지 다양한 생활사 자료들과 예술품들이 적절하게 분류, 전시되고 있었다. 특히 전통시대에 풍요를 기원하던 의식들은 사진이나 그림으로 다양하게 제시되어 있었다. 주술의식을 통해 인간과 신을 매개하던 현존 주술사의 주술의례는 전시되어 있었으나, 기대했던 그린 콘 댄스(green corn dance) · 리본 댄스(ribbon dance) · 버팔로 댄스(buffalo dance) · 페더 댄스(feather dance) 등 다양한 의미가 함축된 당시 군무(群舞)들의 모습은 보이지 않았다.

물론 어렴풋이나마 자연물들에 정령(spirit)이 있다고 믿어온 그들의 전통신앙이 그림으로, 실제 행위로 구현된 모습은 전시실에서 볼 수 있었다. 무엇보다 흥미로운 것은 주술사가 그들의 주식(主食)이었던 옥수수 밭에서 정령의 존재를 불러오는 듯한 의식이었다. '먹는 것' 속에 자신들의 안위나 세계질서를 좌우할 힘이 내재되어 있다고 믿고, 그것을 소중히 대하여 온 그들의 태도는 매우 합리적이었다. 삶을 유지하는 데 곡식이 가장 중요한 요소라면, 곡식을 관장하는 초월적 존재나 힘이야말로 가장 높은 곳에서 인간사의 모든 면을 관장하는 권능을 지녔다고 보았기 때문이리라. 그린 콘 댄스는 그런 생각이 극적으로 표출된 집단예술이었다.

전통시대 북미의 인디언 종족들은 자신들이 옥수수와 동질적 존재라는 의식을 갖고 있었다. 그들 모두에게 파종 축제, 수확 축제와 그린 콘 세리머니 등 옥수수에 관한 축제들이 있는 점이 그 방증이었다. 옥수수가 익어갈 무렵, 혹은 수확 전 몇 주에 걸쳐 계속되는 것이 그린 콘 세리머니이며 그 축제의 중심이 바로 그린 콘 댄스였다. 그들은 그린 콘 댄스가 열릴 때까지 새로 익은 옥수수를 먹거나 손을 대는 일은 신을 모독하는 죄라고 생각했다. 흡사 우리나라에서 '천신(薦新)' 의례를 마친 다음 본격 수확을 시작하는 것과 같은 의미일까. 인디언 사회에서 플로리다의 세미놀 인디언들만이 아직도 5월의 그린 콘 댄스를 연다고 하는데, 희미하게나마 그 전통의 흔적을 찾아볼 수 있는 곳이 바로 이곳 오클라호마 세미놀 네이션인 듯 했다. 그런 점에서 그 시대의 주술사도, 평범한 인간들도, 정령을 불러내어 풍요와 자신들의 안위를 호소한 행위들에서 그 시대 나름의 보편적 합목적성을 보여주고 있었다.

세미놀의 역사나 의례 등 전통적인 삶을 묘사한 현대 예술가들의 그림들도 독립된 공간에 전시되어 있었는데, 그 속에 흥미로운 그림 하나가 있고, '뱀으

로 변한 아우'라는 제목이 합당할 법한 설화 한 편
이 적혀 있었다. 독자들의 흥미를 위해 그 설화의
서사적 골자를 제시하기로 한다.

'뱀이 된 남자의 전설'에 관한 그림

　"세미놀 형제가 마을을 위해 사냥하러 나갔다/
다음날 하루 종일 비가 내려 사냥을 못하다가 오
후 늦게 개자 형은 사냥을 포기하고, 가지고 있
던 사슴고기로 요리를 시작했다./밖으로 나갔던
동생은 두 마리의 큰 물고기 배스를 잡아왔다./
그는 설명하기를, '이 물고기들이 근처 호수에서
길바닥으로 튀어 올라와서 잡았다'고 했다./형이
그 물고기들을 놓아주고 오라 하자, 동생은 펄쩍
뛰며 요리를 해 먹었다./한밤중 동생은 소리를 지르며 형을 불렀다./동생
의 모기장으로 가자 동생은 형에게 '내가 뱀이 되고 있어. 형이 먹지 말라
고 하는데도 먹었더니, 이것 좀 봐!'라고 놀라며 소리쳤다./형이 불을 켜고
자세히 보자 동생의 다리들은 이미 뱀의 꼬리로 변해 있었다./동생이 형에
게 '내일 가족들을 데리고 호수 가의 큰 통나무로 와서 태양이 중천에 오르
거든 통나무를 네 번 쳐. 그렇게 하면 나를 볼 수 있으니, 그렇게 해줘. 나
는 그들을 만나 할 이야기가 있어.'라고 했다/다음 날 형은 그의 가족들을
데리고 호수로 와서 둥근 달 아래 캠프를 하며 다음 날 해 뜨기만을 고대
했다./다음 날 해가 중천에 오르자 가족들을 데리고 통나무로 가서 동생의
말대로 통나무를 네 번 두드렸다./그가 네 번 두드리자 호수 밑에서 거품
이 올라오고 큰 뱀의 머리가 올라왔다./아이들이 무서워하자 어른들은 그
들에게 조용히 하라고 말한 다음, 뱀이 하는 말을 듣고자 했다./뱀이 호수
표면으로 떠올라 그의 가족들이 서 있는 호숫가로 주르르 미끄러져 왔다./
뱀은 천천히 그들에게 움직여 가며 '가까이 오세요. 이게 나예요. 말씀드릴
게 있어요. 잘 들으세요. 이후로 나는 다시는 말을 할 수 없어요. 내가 물고
기들을 요리하여 먹은 것이 잘못된 일이었어요. 나는 뭐가 더 좋은지 알고
있었지만, 우리 문중 어른들의 금지법을 위반했어요. 나는 지금 그 벌을 받
는 거예요. 여러분이 떠난 후에도 나는 우리 가족이 나에 관하여 나쁘게 생

각하지 않기를 바라요. 장래를 생각하고 여러분의 삶을 살아가세요. 나는 결코 돌아갈 수 없어요. 이 호수는 나의 집이 될 거예요. 나는 이 물 속에서 죽을 때까지 살아갈 거예요. 여러분 모두 돌아가거든, 결코 이 호수에는 돌아오지 마세요. 일단 여러분 모두 떠나면, 내 모든 기억들은 사라져서 여러분을 전혀 알아보지 못할 거예요. 나는 사악해져서 여러분을 해칠 거예요. 그것이 내가 살아갈 뱀의 삶이예요. 다만 좋았던 일들만을 기억하고 나를 용서하세요.'라고 말하고 나서 그의 형에게 머리를 돌리고 '나는 형이 우리 가족을 도와주고 그들에게 고기를 나눠주기를 바라요. 내 아들들이 형처럼 좋은 사냥꾼이 되도록 가르쳐 주세요. 그 아이들이 제 어미를 돌보도록 해주세요.'라고 말했다./그 사냥꾼의 친구(*brother가 이곳에서는 friend로 바뀌어 있음. 착오로 보임-인용자 주)가 그렇게 하겠다고 약속했다./그 뱀이 '이제 나는 저 위로 올라가니 여러분은 내 몸 전체를 잘 보세요.'라고 말했다./그가 그렇게 하자, 모든 사람들은 그가 아주 크고, 큰 카누보다 더 길다는 것을 알게 되었다./갑자기, 뱀은 그가 떠올라 온 물속으로 들어가 호수 가운데로 들어가기 시작했다./뱀은 그의 꼬리를 물 밖으로 내밀고 그들에게 흔들었다./그런 다음 그 뱀은 깊이깊이 큰 호수의 검은 물속으로 내려갔다./슬픔을 느끼며 그의 가족들은 큰 호수를 떠나 집으로 돌아갔고, 다시는 그곳에 오지 않았다."

보는 사람에 따라 이 설화의 주지(主旨)는 달라지겠지만, 물고기 배스를 잡아먹은 행위가 어른들의 '금단법(禁斷法)(Forbidden Law)'을 어긴 것이라는 말로 미루어, 아마도 '배스'는 그가 속한 문중, 즉 클랜(Clan)의 상징 동물이었을 것이다. 당시 인디언 사회에서 클랜의 상징동물을 신성하게 여기는 것은 반드시 지켜야 할 불문율이었다. 따라서 상징동물을 해치면 하늘의 벌을 받게 되어 있다는 것을 2세들에게 교육할 필요가 있었고, 그런 의도에서 이런 설화는 나왔을 것이다.

이 외에도 진기한 컬렉션들이 많았다. 예컨대, 'Military Corner'에서 만난 한국전 관련 컬렉션들은, 한국전을 바라보는 현재의 관점과 한국인들을 바라보던 당시 그들의 관점이 매우 따스하고 긍정적이라는 점에서 감동적이었다. 자기 민족의 젊은이들을 낯선 나라의 전쟁터에 보내면서 얼마나 걱정이 많았을까.

그들이 만들어 자국 병사들의 교육에 썼을 그 자료들에는 그런 걱정들이 가득 담겨 있었다. 자식에 대한 정이 지극한 우리네 부모들과 그들의 정서가 동질적임을 충분히 확인할 수 있었다.

***

당초 플로리다에 살던 세미놀 족의 일부가 오클라호마까지 오기까지 많은 고통이 따랐을 것이다. '눈물의 여정'은 다른 부족들과 마찬가지로 이들도 끔찍하게 겪은 고난의 행군이었다. 비록 이들이 오클라호마 인디언 구역 내에서도 소수자로서 기를 펴지 못하고 살았지만, 그들 나름의 화려한 문화와 내면세계, 혹은 역사에 대한 자부심만은 확실하게 지닌 채 살아 온 것으로 보인다. 결국 미국의 체제에 순응하여 그들의 일원으로 정착했고, 그들의 생활양식에 동화되어 오긴 했지만, 아직도 언어와 문화를 중심으로 자신들만의 정체성을 지켜 가려는 노력은 계속되고 있었다. 무엇보다 소수 부족이면서도 개명(開明)된 다섯 종족 가운데 하나로 당당하게 자리 잡고 있는 그들의 위치와 현실적인 활동이 바로 이런 점을 보여주고 있었다.

카이오와(Kiowa), 아파치(Apache), 코만치(Comanche), 그리고 대평원(The Great Plains)의 서사시

하이틴 시절부터 이 나이까지 영화를 그리 많이 접하지는 못했지만, 그나마 그 가운데 기억나는 것들은 헐리웃에서 만들어진 서부영화들이다. 이름을 다 기억할 수 없는, 비슷비슷한 내용들이었으나, 관통하는 서사구조는 단 하나 '선악의 대결'이었고 주제는 미국 판 '권선징악'이었다. 선을 대표하는 백인들은 늘 당당하고 정의로우며 멋있었던 반면, 악을 대표하던 인디언들은 늘 무지(無知)·무명(無明)·무뢰(無賴)의 저급한 무리들이었다. 미국 인디언들에 대한 세계인의 편견과 무지는 이처럼 대부분 서부영화들로부터 나온 것이었다.

미국 인디언 명예의 전당 방문객 안내소 표지판

넓고 아름다운 땅에서 평화롭게 살던 그들을, 어느 날 '웬 놈들'이 밖에서 뛰어들어와 채찍을 휘두르며 한 구석으로 몰아넣고, 그들의 땅을 차지해 버린 것이다. 그것만으로도 천추만대 원한에 사무칠 일인데, 전 세계의 코흘리개들도 다 보는 영화에 가해자인 백인들은 정의의 사도로, 피해자인 자신들은 몹쓸 불한당으로 그려냈으니, 그 통탄스러움을 어떻게 표현할 수 있을까.

내 기억으로는 2005년 5월에서야 미국의 상원은 '인디언 6천만 학살'에 대한 사과를 추진했다. 그들의 죄가 어찌 '사람 죽인 일' 뿐일까. 당시로서는 '몹쓸 땅'에 그들을 짐승처럼 몰아넣은 점까지 계산하면, 그 죄가 하늘에 닿고도 남을 백인들이었다. 나찌 독일이 죽인 이스라엘 사람들이나 왜인들이 전쟁터로 광산으로 징발하거나 허물을 뒤집어 씌워 죽인 우리 민족의 숫자도 엄청나지만, 당시 총인구 5천만~1억을 헤아리던 인디언들 가운데 살해된 비율이 80~90%라니, 끔찍한 일 아닌가.

그럼에도 그런 사건으로부터 무려 2백년이나 지나서야 '이제 사과나 해볼까?' 하고 궁시렁거리며 나섰고, 그로부터 5년의 세월이 더 흐른 2010년에 이르러서야 공식적인 사과의 말을 내어놓았으니, 만시지탄(晚時之歎)도 이만저만 아니다. 워싱턴 D.C. 의회 묘지에서, 체로키 · 촉토 · 무스코기 · 포니 · 시스턴 · 와페톤 · 오야테 등 여러 부족대표가 참석한 가운데 캔자스 출신의 공화당 상원 샘 브라운백 의원이 사과결의문을 낭독함으로써 의회 차원의 공식적인 사과를 하게 된 것이었다. 그 전 해 11월에도 오바마 대통령은 564개 부족대표들이 참석한 가운데 인디언들에 대한 그동안의 횡포와 잘못된 정책에 대하여 사과하고 그들로 하여금 '아메리칸 드림'을 이룰 수 있게 하겠다고 약속한 바 있었다. 그러나 과거에도 정부로부터 무수한 약속을 받았으나 그 약속이 한 번도 지켜진 적이 없음을 잘 알고 있는 인디언들로서는 이번에도 큰 기대는 하지 않고 있는 듯 했다.

나는 이 글에서 미국 정부가 인디언들에게 진작 공식적으로 사과를 했어야 한다는 점을 강조하려는 게 아니고, 사과가 늦은 점을 문제 삼으려는 것도 아니다. 그렇게 억울한 세월을 보내고 있는 인디언들을 눈곱만큼이라도 배려했다면, 각종 매체에 등장하는 그들의 이미지라도 진실에 가깝게 만들거나 긍정적으로 묘사했어야 하건만, 서부영화 같은 매체들에서 보듯이 그들의 왜곡된 모습이 스테레오 타입으로 고착되어 온 게 사실이다. 그 점이 제삼자인 내가 보기에도 지나치다는 것이다. 미국에는 현재 나바호(Navajo), 체로키, 수(Sioux) 등 규모가 큰 종족들을 포함, 총 564개 종족에 3백만 이상의 인디언들이 살고 있다. 그 가운데 비교적 소수부족으로서 서부영화들에 단골로 등장한 종족이 아파치(Apache)와 코만치(Comanche)다.

대부분의 독자 여러분은 〈아파치 요새(Fort Apache)〉라는 영화를 보신 적이 있을 것이다. 1948년 존 포드(John Ford) 감독이 만들었고, 존 웨인(John Wayne) 과 헨리 폰다(Henry Fonda) 등 명 배우들이 출연한 영화인데, 인디언에 대하여 비교적 따스한 관점으로 만들었다는 점에서 일반적인 서부영화들과 구별된다. 감독은 주인공인 요크 중령(존 웨인)을 통해 아메리카 인디언 특히 아파치 족에 대한 인간적 관점을 드러내는 데 중점을 두었다. 말하자면 이 영화는 종래 '사납고 공격적이며 대화가 통하지 않는' 아파치를 동정적·포용적 관점에서 그려 낸 사례였다. 오래 전의 영화임에도 불구하고 인디언을 바라보는 시선이

수(Sioux)족 추장 시팅불(Sitting Bull)의 흉상

크레이들 보드, 의상, 신발, 인형 등
인디언 아이들 관련 물건들

비교적 긍정적인데, 많은 사람들이 끊임없이 이 영화를 보는 이유도 바로 여기에 있으리라.

또 하나. 미국으로 떠나오기 직전인 2013년 7월 하순 경, 한국에서는 '론 레인저(The Lone Ranger)'란 영화가 상영되고 있었다. 쟈니 뎁(Johnny Depp)이 열연한 주인공 톤토(Tonto)는 바로 코만치 인디언이었고, 영화의 배경은 캘리포니아·유타·콜로라도·애리조나·뉴멕시코 등이었는데, 이 가운데 콜로라도와 뉴멕시코는 대평원에 포함되는 공간이었다. 악령을 몰아내는 능력을 지닌 톤토는 죽기 직전의 '외로운 레인저' 존 레이드(John Reid)를 살려냄으로써 결국 그들은 환상의 콤비를 이루게 된다. 거칠 것 없는 드넓은 황야에서 그들이 보여주는 현란한 액션들은 코만치 인디언 톤토와 백인 레인저 존 사이에 교감되는 우정의 깊이를 보여준 동시에 백인들과 인디언들이 '함께 살아갈 수 있다는' 가능성 또한 보여주었다. 코만치 추장 빅베어(Big Bear)의 말('우리 시대는 사라졌네. 백인들은 그걸 발전이라 부르는 모양이네만.')을 통해 그간 스테레오 타입으로 고착된 백인과 인디언의 이미지 혹은 양자관계의 패러다임이 전환될 것을 암시한 것이나 아닐까.

***

인디언을 찾아다니기 몇 달 만에 대평원의 주인공 아파치와 코만치, 그리고 카이오와를 만났다. 이들이 바로 대평원의 주인들이었다. 오클라호마 동북쪽에 '대초원(Tall Grass Prairie)'이 있다면, 서남쪽에는 '대평원(The Great Plains)'이 있다. 앨버타(Alberta) · 새스캐치원(Saskatchewan) · 매니토바(Manitoba) 등 캐나다 남부를 포함, 몬태나(Montana) · 노쓰 다코타(North Dakota) · 사우쓰 다코타(South Dakota) · 와이오밍(Wyoming) · 네브라스카(Nebraska) · 콜로라도(Colorado) · 캔자스(Kansas) · 뉴멕시코(New Mexico) · 오클라호마(Oklahoma) · 텍사스(Texas) 등, 로키산맥(Rocky Mountains)과 미시시피강 사이의 미국 땅이 대평원에 속한다. 남북 간 길이는 3,200 km, 동서의 폭은 800km, 면적은 1,300,000 ㎢이니, 남한 면적(99,538㎢)의 13배에 달하는 엄청난 공간이다. 오클라호마의 경우 대평원은 주 전체 면적의 60%나 차지할 만큼 거대했다. 그 안에 카이오와, 아파치, 코만치 등의 집단 거주지가 있었다.

카이오와 족의 삶과 예술

마음이 급한 나머지 2013년 12월 말 캐도 네이션이 있는 빙거(Binger) 시티를 찾았다가 모든 공공기관들의 문이 닫혀 있는 바람에 허탕을 쳤고, 그로부터 4일 후인 새해 초에 카이오와 · 아파치 · 코만치를 찾아 아나다르코(Anadarko) · 아파치(Apache) · 로턴(Lawton) 등을 방문했다. 그러나 동쪽에 있는 치카샤 · 촉토 · 세미놀 · 체로키 등과 달리 이 지역의 경우 닫혀 있는 곳이 적지 않았고, 설사 열려 있다 해도 자기네 컬렉션들에 대한 소개 자료가 미흡하거나 사진을 못 찍게 하는 등 외부인들의 접근을 경계하는 듯한 느낌을 강하게 받았다.

대평원 지역을 누비는 바이슨의 무리

　그러나 아나다르코 시티 초입의 '국립 아메리칸 인디언 명사 명예의 전당(National Hall of Fame for Famous American Indians)'에서 만난 책임자 칼(Carl Jennings)은 오클라호마 내 39개 인디언 부족들에 대한 설명을 친절하고 명료하게 해주었다. 특히 촉토 족인 자신과 카이오와 출신의 유명 공예가이자 자신의 부인인 바네사(Vanessa Pau Keigope Jennings)의 결합을 설명하면서 인디언 유명 인사들에 대한 자부심을 드러내기도 했다.

　그렇다면, 이 지역의 중심 부족인 카이오와는 어떤 사람들이었을까. 칼의 설명에 따르면, 카이오와 인들이 캐나다 국경과 인접한 미국 몬태나 주 '글래시어 국립공원(Glacier National Park)'의 동쪽 가장자리 부분을 '카이오와 산맥'이라 부르는데, 그곳을 통해 이동한 뒤부터 이들을 카이오와로 불렀다고 했다. 카이오와 말은 '카이오와-타노안 어족(Kiowa-Tanoan Lauguage Family)'의 하나이며, 애당초 그들이 학교에 가서야 비로소 영어를 배우기 시작했을 정도로 최근까지 카이오와 말은 그들 사이에서 비교적 온전하게 유지되어 왔다고 할 수 있었다.
　원래 그들은 유목과 정착의 중간쯤에 속하는 거주 구조를 갖고 있었으며, 족장 중심의 가부장적 부족 및 가족체제를 갖고 있었다. 주로 수렵과 채취에 의

바네사가 제작한 크레이들 보드   카이오와 족 대표예술가 바네사의 예술품을
설명하고 있는 칼(Carl Jennings)

존한 그들의 생업을 감안하면, 곡물을 심기에 충분할 정도로 한 곳에 머물러 살지 않았음을 알 수 있다. 따라서 곡물을 심어 먹던 정착 부족들과 무역을 할 수밖에 없었다. 특히 그들은 미국의 들소인 바이슨(bison)과 함께 이동했는데, 영양(羚羊)·사슴·야생 딸기 및 과일·칠면조를 포함한 다양한 사냥물 혹은 채취물들과 함께 바이슨은 이들에게 주요 식품 공급원이었다.

이들은 스페인 사람들이 운영하던 목장들로부터 말을 얻게 되면서 혁명적 변화를 경험하게 되는데, 그 덕분으로 대평원에 등장했을 때 이들은 이미 '말을 탄(기동력을 갖춘) 전사(戰士) 족'이 되어 있었다. 대평원으로 나오면서 이들은 아파치 족과 공존하게 되었던 것이다. 남서 콜로라도의 아칸사 강과 서부 캔자스, 텍사스와 팬 핸들(Panhandle) 지역의 레드 리버 유역 등과 인접한 남서 평원 지역에 카이오와와 아파치의 고향이 자리 잡게 된 것도 그 때문이었다. 우리가 방문한 이 도시, 아나다르코는 그들 삶의 중심공간이었다.

카이오와 부족은 북부 대평원에 속하는 대부분의 부족들과 마찬가지로 잘 짜인 자치조직을 갖고 있었다. 매년 '선 댄스(sun dance)'라는 집단 축제가 열렸고, 전 부족의 상징적 지도자인 최고 족장을 직접 선출하기도 했다. 이처럼 전사 집단과 종교집단이 합쳐진 공동체로서의 카이오와 사회는 족장을 선출하여 정부를 구성한다는 점에서 매우 민주적이었다. 무엇보다 전투에서의 과감성과 용맹성, 지혜, 관대함, 경험, 소통 기술 및 타인에 대한 친절도 등을 기준으로 족장의 자질을 평가했다는 점에서 이들의 합리성을 엿볼 수 있었다.

카이오와 족은 두려움을 모르는 젊은 전사 정신을 이상적 자질로 꼽았다. 전체 부족은 바로 이런 자질을 지닌 사람을 중심으로 단합하는데, 그 전사는 젊은이들이 갈망하던 이상적 인간상이기도 했다. 카이오와 족이 남부 대평원의 역사에 가장 중요한 종족으로 기록될 수 있었던 것도 바로 이런 이유 때문이었다. 그렇다면 카이오와 족 여성은 어땠을까. 칼의 설명에 따르면, 그의 카이오와 족 부인 바네사는 미국의 유명 인사였다. '카이오와 족 전통예술의 거장'이란 공식 직함을 갖고 있는 그녀는 의례 의상 제작자(Kiowa-Apache-Gila River Pima regalia maker)이자 의상 디자이너였으며, 크레이들 보드(cradle board)의 제작자이자 비드(bead) 아티스트를 겸한 인물이었다. 물론 그녀가 원래 뛰어난 예술성을 갖추고 있었던 것도 사실이지만, 알고 보면 카이오와 여성들의 전통을 바탕으로 했기에 그녀의 예술은 가능했다고 할 수 있다. 카이오와 여성들은 남편이나 아들, 아버지 등의 공적을 통해 간접적으로 명성을 얻거나, 그녀들 스스로의 예술적 성취를 통해 인정을 받는 것이 고작이었다. 카이오와 여성들은 소 가죽을 무두질하거나 꿰매고, 각종 모피에 기하학적인 문양을 그렸으며, 나중에는 구슬공예를 발전시키기도 하였다. 칼 선생의 부인 바네사도 이런 카이오와 여성들의 전통적인 생활예술을 이어받아 현대적인 미학으로 확장시킨 인물이었다. 카이오와 여성들은 남자들이 사냥을 떠나거나 전쟁에 나갔을 때 캠프를 돌보았고, 겨울 동안 먹을 양식을 모으거나 준비했으며, 각종 행사에도 참여했다. 카이오와 남성들은 처가의 가족들과 살았고, 가족들이 늘어나면 일종의 친척이라 할 수 있는 밴드(band)를 이루었으며, 한 명의 추장이 자신의 밴드를 다스렸다고 한다.

아나다르코 역사유산 박물관

　강인하고 용감한 남성들과 자립심 강하고 예술적인 여성들이 모여 형성된 것이 카이오와 족이었다. 남부 평원지역에서 그들이 토대를 구축한 아나다르코 인구의 60%가 카이오와 족이라는 칼의 설명을 듣고 나서 다른 도시들보다 윤택해 보이는 시가지의 분위기를 돌아보니 카이오와 족이 매우 창조적이며 지혜로운 부족으로서 그들 앞에 희망적인 미래가 펼쳐져 있음을 알 수 있었다.

　아나다르코의 카이오와로부터 아파치와 코만치를 찾아 남쪽으로 떠났다. 가도 가도 끝이 없는 벌판 위엔 겨울철을 맞아 누렇게 마른 풀이 지천으로 깔려 있고, 검정색 소들만 주인행세를 하듯 늘어서서 게으르게 움직이고 있었다. 말 탄 아파치의 전사들처럼 바람은 사정없이 달려와 나그네의 뺨을 찌르는데, 지평선은 망망하여 지고 뜨는 해의 방향을 분간할 수 없었다. 일직선으로 곧게 뻗은 길가에는 물어볼 사람도 집도 없었다. 불안한 마음으로 수십 분을 더 달리니 벌판 위에 '포트 실 치리카화 웜 스프링스 아파치 족 사무소(Fort Sill Chricahua Warmsprings Apache Tribal Office)'라는 글자들을 벽에 달고 있는 일군의 건물이 눈에 띄었다. 포트실 아파치 족은 연방으로부터 인정받은 오클라호마 내의 미국 원주민 종족이니, 이곳 아파치가 미국 내 전체 아파치 족을 대표하는 셈이었다.

　그러나 사무소에 들어가니 전체적으로 썰렁했다. 내부는 공사 중이어서 어

새로운 삶터를 찾아 말을 타고 이동하는
아파치 가족

언제든 떠날 수 있도록 간편하게 살아가는
아파치족의 유목생활

수선했으나, 자리를 지키고 있던 인디언 아가씨는 친절했고 설명 또한 상세했다. 그녀가 알려준 대로 20마일쯤 달려가니 아파치 시티가 나왔고, 그 입구에 아파치 시티 팍(Apache City Park)이 있었으며, 그 한쪽에 '참전용사들의 공원(Veterans Park)'도 있었다. 아파치 족 출신인지 알 수는 없으나 한국전에서 포로가 되었다가 죽은 젊은 군인의 이름도 비석에는 올라 있었다. 어딜 가도 한국전 전몰용사들이 자랑스러운 모습으로 부각되어 있는 곳이 미국이었다. 적어도 미국에서만큼은 6·25가 잊힌 전쟁이 아니었음을 알게 되었고, 아파치 인디언들의 본고장에서 그 점을 확인한 것은 특히 감동적이었다. 주변을 둘러보니 생활 형편들이 괜찮은지 다운타운으로 들어가는 연도의 주택들에는 남부 지역 도시로서는 드물게도 윤기가 흘렀다.

이 지역의 아파치 인디언들은 원래 알래스카 지방이나 캐나다, 미국 서부 등지에서 온 사람들이었다. 아마 오랜 옛날 아시아와 미주가 연결되었을 때 알래스카와 캐나다로 건너온 아시아계 사람들이 그들이었으리라. 그들이 로키 산맥을 따라 캘리포니아 등 미국의 서부 지역으로 내려왔고, 다시 그로부터 동쪽 혹은 남부의 대평원 지역으로 옮겨왔을 것이다. 따라서 아파치는 한 지역에서 결코 오래 정착해본 적이 없고, 원래 정착할 수도 없었다는 점에서 전형적인 '노마드(nomad)'였다. 그처럼 수시로 이동하기 위해서는 말이 필수적이었다.

그들이 말을 타거나 활용하는 방법을 익힌 첫 부족들 가운데 하나라고 보는 것도 그 때문이다.

1700년경 캔자스 평원으로 이동한 아파치 부족원의 다수는 그곳에 살면서 농사를 짓고자 했으나, 농사일에 익숙지 않았다. 어쩔 수 없이 수박, 콩, 옥수수 등 농작물들을 재배하는 과정에서 갖은 고생을 했던 것으로 보인다. 결국 그런 약점 때문에 나중에 코만치 족에게 지배를 당하고 땅도 빼앗겼으며, 뉴멕시코나 애리조나 등지로 옮겨가게 되었다. 그리고 어떤 사람들은 텍사스와 멕시코 쪽으로도 들어가게 되었다. 그러자 자연스럽게 그곳을 지배하던 스페인 사람들과 싸우게 되었다. 즉 1730년대 아파치 인들은 스페인 사람들과 피나는 전쟁을 시작했고, 1743년이나 되어서야 스페인의 지도자가 텍사스 일부 지역을 이들에게 살 수 있도록 양보하면서 땅을 두고 벌어졌던 싸움은 수그러들기 시작했다. 1749년의 한 의식(儀式)에서 아파치 추장은 싸움이 끝났다는 것을 보여주기 위해 손도끼를 땅에 묻었는데, 그 이후로 오늘날도 '손도끼를 땅에 묻다'는 말은 전쟁이 끝났다는 것을 상징하게 되었다고 하니, 재미있는 일이다.

원래 '아파치(Apache)'란 말은 문화적 측면에서 미국 남서부 원주민들의 그룹을 지칭하던 집합명사였다. 원래 아파치 사람들은 동부 애리조나 · 멕시코 북부 · 뉴멕시코 · 텍사스 서부 및 남서부 · 콜로라도 남부 등지에 걸쳐 살았고, 그 지역은 고산 지대 · 물이 풍부한 계곡지대 · 크고 깊숙한 협곡 · 사막 · 남부의 대평원 등으로 이루어져 있었다. 아파치 족의 하부그룹들은 약간의 정치색을 띤 몇 개의 부류로 나뉘는데, 이 가운데 규모가 큰 일곱 개의 그룹들은 각각 다른 언어를 사용하고 각자의 독특한 문화를 경쟁적으로 발달시켰다. 나바호(Navajo), 서부 아파치(Western Apache), 치리카화(Chiricahua), 메스칼레로(Mescalero), 지카릴라(Jicarilla), 리판(Lipan), 대평원 아파치(Plains Apache) 등이 현재 확인할 수 있는 그룹들이다. 현재 이런 아파치 족들 대부분은 오클라호마와 텍사스에 살고 있고, 애리조나와 뉴멕시코의 보호구역들에도 살고 있다. 이들 외에 일부 아파치 인들은 대도시 지역으로 이주하기도 했는데, 큰 규모의 도시지역 공동체로는 오클라호마 시티·캔자스 시티·피닉스(Phoenix)·덴버(Denver)·샌디에고(San Diego)·로스앤젤레스(Los Angeles) 등이 꼽힌다.

서부영화들에 단골로 등장하는 것처럼, 아파치 족은 역사적으로 매우 강하고 전략적인 민족으로 인정을 받아왔는데, 몇 세기 동안 스페인과 멕시코 사람들에게 대항하는 과정에서 얻게 된 명성이었다. 미 육군 역시 19세기에 들어와 그들과 몇 번 대결해 보고 나서는 아파치가 강한 전사들이자 기술적인 전략가들임을 알게 되었다고 한다. 이처럼 아파치족은 미국과 40여 년 간 쉬지 않고 전쟁을 벌였으며, 심지어 남북전쟁 때 북부군과 남부군이 서로 싸우는 처지에서도 양자 모두 아파치와의 전쟁을 지속했다니, 그들의 용맹성을 이보다 더 분명히 입증해주는 자료도 없을 것이다.

대부분의 아파치 인들도 다른 부족들처럼 네이션이나 보호구역의 범주 안에 거주하고 있으며, 그것들 가운데 연방정부에 의해 공인된 것만 해도 아홉 개나 된다. '오클라호마의 아파치 족(Apache Tribe of Oklahoma)/애리조나 주 포트 맥도웰의 야바파이 네이션(Fort McDowell Yavapai Nation, Arizona)/오클라호마 주 포트 실의 아파치 족(Fort Sill Apache Tribe of Oklahoma)/뉴멕시코 주의 지카릴라 아파치 네이션(Jicarilla Apache Nation, New Mexico)/애리조나 주 산 카를로스 보호구역의 산 카를로스 아파치 족(San Carlos Apache Tribe of the San Carlos Reservation, Arizona)/애리조나 주 톤토 아파치 족(Tonto Apache Tribe of Arizona)/애리조나 주 포트 아파치 보호구역의 화이트 마운틴 아파치 족(White Mountain Apache Tribe of the Fort Apache Reservation, Arizona)/애리조나 주 캠프 버디 인디언 보호구역의 야바파이 아파치 네이션(Yavapai-Apache Nation of the Camp Verde Indian Reservation, Arizona)' 등으로 다른 부족들에 비해 수가 많은 편이다.

지금 우리가 찾아다니는 오클라호마의 아파치는 '대평원의 아파치'로서 아나다르코 근처에 본거지를 두고 있으며, 위에 제시한 바와 같이 연방정부에 의해 오클라호마 아파치로 인정된 그룹이었다.

그런 아파치족의 역사와 문화를 현지에서 만난다고 생각하니 가슴이 뛰었다. 아파치 시내에서 만난 '아파치 히스토리컬 서사이어티 뮤지엄(Apache Historical Society Museum)'은 예상대로 많은 생활문화사 자료들을 갖추고 있었다. 가정생활, 산업, 학교, 운송, 의료기구, 의상, 가구, 서적, 사진, 초창기 은행 시설, 회화, 아파치 시민들의 개인 기념물 등 모든 분야의 컬렉션들을 풍부하게 보유한 점에서 아파치족의 역사와 문화를 압축적으로 보여주는 현장이었다. 1901~1902년 사이에 2층으로 세워진 이 석조 건물에는 애당초 아파치 주립은행 사무실과 다른 업종들이

아파치족의 전설적인
용사 제로니모(Jeronimo)

입주해 있었다. 그러나 이 건물은 1976년부터 박물관으로 사용되기 시작했다. 그 후 40년 가까이 모은 다양한 생활사 자료들을 통해 아파치족이 근대에 이룬 '문명화'의 자취를 파악할 수 있었다.

이 박물관을 떠나 10분 정도 달린 끝에 도착한 곳이 바로 '포트 실 군사 보호 구역(Fort Sill Military Reservation)' 안에 있는 '포트 실 국립 역사 랜드마크 박물관 (Fort Sill National Historic Landmark & Museum)'이었다. 이곳은 현재 사용되고 있는 미 육군의 군사기지인 만큼 출입문을 통과할 때부터 현역 군인의 검문을 받아야 했다. 드넓은 부지 한 군데에 오래 된 2층 벽돌집이 있고, 그곳이 바로 이 지역의 '랜드마크'이자 박물관이었다. 안에 들어가니 지키는 사람도 없이 자동으로 음성 설명이 나오도록 되어 있었다. 주로 죄를 지은 아파치 인디언들을 구금하고 처형하던 형무소가 원래 이 건물의 용도였고, 박물관으로 변신한 지금 당시의 구조를 그대로 유지하면서 아파치 인디언들이 겪어온 고난과 질곡

당시 군인이 수갑을 점검하고 있는 사진　　　당시 교수형을 집행하던 교수줄

의 세월을 보여주고 있었다. 죄를 지었기 때문에 구금되고 형을 받았겠지만, 백인이 다스리는 세상에서 저지른 죄와 받은 형벌이 과연 얼마나 공정했는지는 알 길이 없었다.

***

　아파치는 아직도 살아 있었다. 다른 어느 부족들보다 넓고 다양한 지역에서 각 그룹마다 자신들만의 독자적인 세계를 구축해가고 있었다. 미국 정부에 가장 길고 끈질기게 저항했던 '용맹한 전사들'이 바로 아파치족이었다. 그러면서도 대평원의 주인이자 맹장으로서 주변 부족들을 상대로 투쟁과 화해의 전술을 다양하게 구사해 온 탁월한 전략가의 면모를 보여주기도 했다. 그 과정에서 만들고 보존해온 생활사의 다양한 자료들이 박물관에 전시되어 있었다. 그러나 그들의 타고난 성품 탓인지 모르지만, 이들 영역의 어느 박물관을 가도 촬영을 허락하지 않았다. 각종 인터넷 사이트에도 다른 부족에 비해 자신들의 박물관 소장품에 대한 소개나 설명은 거의 없었다. 그 점은 그들의 폐쇄성에 대한 근거로 들 수도 있지만, 역설적으로 자부심과 자신감의 발로일 수도 있었다. 서부영화에 '용맹한 부족'으로 자주 등장해 온 아파치족. 이들의 거친 정신은 바야흐로 미국의 핵으로 떠오르고 있는 서부문화를 대표한다고 볼 수 있다. 약간은 거칠지만, 개척자로서의 미국정신에 자극을 줌으로써 미국의 국제적 리더십 형성에 한 몫 거들었다고 한다면, 과언일까.

무서운 코만치에서 상식의 미국인으로!

말에 미치다시피 한 코만치족은 한때 자신들의 영역 주변에서 대략 2백만 마리의 야생마들을 길러 이용하기도 했다. 18세기 후반과 19세기 초반에 코만치족은 오늘날의 '마이 카(my car)' 개념으로 각자 한 마리씩의 말을 소유했다는 것이다. 물론 전사들은 여러 마리의 말들을 갖고 있기도 했지만. 대략 3만~4만의 인구가 몇 배의 말떼를 소유하다 보니, 코만치 족은 추가로 9만~12만의 말들을 갖게 되었다.

말은 전쟁의 결정적인 수단, 이를테면 '최종병기'인 셈이었다. 싸움은 코만치족 삶의 가장 중요한 부분이었기에, 코만치족은 말을 타고 각종 전통 무기들을 쓸 줄 알았으며, 그런 전술을 발전시킨 사람들이었다. 코만치족이 멕시코인들을 침략할 때면 예외 없이 달 밝은 밤을 택했는데, 그들은 밤중에도 말을 타고 상대방을 보면서 싸울 수 있는 기술을 갖고 있기 때문이었다. '코만치 문(Comanche Moon)'이란 바로 거기서 나온 말이라고 한다.

현재 코만치족은 주택청(Housing Authority)을 운영하고, 코만치 인들에게 자동차 택(tag)도 발행해주고 있었다. 뿐만 아니라 그들 자체의 고등교육부(Department of Higher Education)를 통해 부족원들의 대학교육을 위한 장학금이나 여타 재정적 지원 등을 제공하고 있었는데, 그 재원은 주로 자신들이 운영하는 담배 판매업과 네 개의 카지노 수입 등으로 조달한다고 한다. 그들은 또한 로턴에 2년제 민족 대학인 '코만치 네이션 칼리지(Comanche Nation College)'

를 설립, 운영하고 있었다. 이것 역시 2세 교육에 재원을 투자함으로써 전통시대의 수준과 의식에서 벗어나려는 몸부림이었다.

로턴 시내 한 구석에는 상당수의 유명호텔들이 모여 있었고, 우리는 그 가운데 저렴하면서도 깨끗한 호텔에서 빈 방을 구할 수 있었다. 깨끗한 호텔들이 제법 모여 있다는 것은 이 도시를 찾는 여행객들이 적지 않음을 보여주는 증거라 할 수 있는데, 그 여행객들의 상당수는 코만치의 역사와 문화에 대한 탐방을 주목적으로 하는 듯 했다. 호텔에서 1박을 한 다음 우리는 '그레이트 플레인 뮤지엄(Museum of the Great Plains)'과 '코만치족 뮤지엄과 문화센터(Comanche National Museum and Cultural Center)(이하 '코만치 뮤지엄'으로 약칭)'에 들렀다. 그레이트 플레인 뮤지엄에는 오클라호마 주 전체의 인디언 역사와 문화를 보여주기 위한 컬렉션들이 전시되어 있었고, 코만치 뮤지엄에는 오직 코만치족의 역사와 문화에 관한 컬렉션만 전시되어 있었다.

그레이트 플레인 뮤지엄은 여느 박물관과는 달리 '탐험·발견·경험·교육' 등 폭넓은 목적을 상정하고 만들어진 공간이었다. 그곳에는 인디언의 역사와 문화를 보여주는 컬렉션들의 진수가 있었고, 배열 또한 정교하여 그것들의 내용이나 의미를 이해하기가 편했다. 말하자면 갖가지 컬렉션들을 통해 로턴의 역사를 재인식하게 하고, 원주민들이 대평원에 어떻게 정착했는가를 탐구하여 그 의미를 찾아낼 수 있도록 하는 데 초점을 맞춘 것이 컨셉이었다. 1층은 컬렉션들을 일목요연하게 배열·전시해 놓은 관람 공간으로, 2층은 인디언들의 생활 자료를 직접 만들어 보는 체험학습장으로 각각 달리 꾸며놓은 것도 그 때문일 것이다. 그래서 이 박물관은 일반인, 학생, 학자 등 모든 분야의 사람들이 찾아와 대평원의 원주민들이 남긴 역사와 문화를 즐기면서 이해할 수 있도록 꾸며진 것 같았다.

남부 대평원의 중요 지역인 오클라호마에 인디언들이 들어와 살게 된 과정과 경위 및 분포양상 등을 일목요연하게 설명한 코너, 농기계 등 농업관련 코

1. 코만치 족의 현란한 마상 무술(George Catlin 작) 2. 전통시대 코만치족 아이들(코만치 박물관)
3. 전통시대 코만치 어머니와 아이들 4. 코만치족 추장 부부 5. 인디언들의 신발인 모카신
(Moccasin)과 파우치(Pouch)

대평원 박물관

너, 더스트 보울(Dust Bowl)이나 랜드런 등 오클라호마가 겪은 역사적 시련들을 보여주는 사진 코너, 각 인디언 부족들의 생활자료 코너, 출토된 화석자료를 중심으로 한 대평원 지역의 자연사 자료 코너, 인디언 작가들의 그림이나 인디언들의 삶을 그린 작품 코너 등등. 이 박물관을 한 바퀴만 돌면 이 지역의 역사와 인디언의 정착 및 생활사를 소상히 알 수 있도록 안배된 점이 두드러졌다. 이 가운데 압권은 오클라호마의 인디언 정착 과정을 4단계(1830–55/1855–66/1866–89/1889–1907)로 나누어 그림과 글로 설명한 코너였다. "문명화된 다섯 부족들은 공식적으로 재배치된 첫 케이스였다. 1830년 'Dancing Rabbit Creek' 조약은 촉토·치카샤·체로키·크릭·세미놀 등의 부족이 새로운 인디언 구역의 땅을 받기 위해 미시시피 강 동쪽에 있는 그들의 땅을 포기했다는 내용으로 되어 있고, 그 시기를 기점으로 정치적 이주가 시작되었음을 의미한다. 이동하는 도중 긴 거리의 행렬을 군인들이 몰아대기도 했는데, 그 때 많은 사람들이 길에서 죽기도 했다."는 간략한 설명과 함께 총천연색 지도를 통해 오클라호마의 각지에 어떤 인디언들이 정착하고 있었는지를 보여주었다.

박물관 밖에 설치된 열차박물관과 코만치 빌리지 또한 매우 중요한 의미를 지닌 공간들이었다. 마지막으로 운행되던 '락 아일랜드(Rock Island)' 노선의 거대한 기관차가 놓여있고, 역사(驛舍) 및 열차관련 컬렉션들로 박물관은 그득했다. 그 옆 벌판에 만들어진 코만치 빌리지 역시 대평원에 살던 코만치의 삶을 상상하기에 충분하도록 만들어져 있었다. 그 다음으로 들어간 곳은 코만치 뮤지엄. 건물의 멋진 외관에 비해 컬렉션의 양과 질이 빈약하고 폐쇄적이라는 점에서 앞서 관람한 아파치 시티의 '아파치 히스토리컬 서사이어티 뮤지엄'과 유사했다. 현대 예술가들의 작

혼혈의 코만치족 후예로 추정되는 남자와 함께

품들을 제외한 대부분의 컬렉션들이 다른 박물관들의 소장품과 겹치고 그 양 또한 많지 않다는 점에서 이 박물관의 한계는 분명했다. 말하자면 아직 완성되지 못한 박물관인 셈이었다.

***

코만치족 역시 여타 부족들과 마찬가지로 어려운 삶의 고비들을 겪어 왔다. 그러나 오랜 동안 다른 부족들에게 '무섭다'는 인상을 주었을 정도로 호전적이고 야만적인 성향을 지녀온 것이 사실이다. 물론 이것은 다른 부족들과의 생존 경쟁에서 우위를 점할 수 있게 한, 그들만의 장점이었을 수도 있다. 그러나 최근까지 서부영화들에 연속적으로 나타나는 그들의 이미지는 '도둑놈', '싸움꾼' 혹은 '잔인한 전략가'에 머물러 있는데, 타고난 전투력으로 다른 부족들을 정복하고 그들을 잡아다 노예로 파는 등 비인간적 행태를 지속해 온 역사적 사실이 그대로 반영된 결과일 것이다. 그 과정에서 그들은 말들을 활용하여 많은 이득을 보았고, 그것이 자신들의 세력 확장과 부흥에 큰 기여를 했지만, 현재와 미래의 삶에 의미 있는 바탕이 되었다고 할 수는 없다.

코만치족의 수도라 할 수 있는 로턴에서 코만치족의 정체성을 짐작할만한

아무것도 발견하지 못한 것은 이곳이 이미 문명화된 미국의 한복판이기 때문일까. 잔인함과 야만성은 문명에 용해되어 새로운 모습의 시대정신으로 나타날 수도 있었으련만, 아직 의미 있는 징후를 발견하지 못한 것은 그 결정적 시기가 도래하지 않아서인가, 아니면 아예 코만치 정신이 죽어버려서인가. 스쳐 지나가는 나그네의 짧은 안목으로 쉽게 알 수 있는 일은 아니었다.

크릭(Creek) 족의 꿈과 현실을 찾아

2014년 2월 24일 아침 8시 오클라호마시티 '윌 라저스 공항' 발 유나이티드 아메리카 항공편으로 시카고 오헤어 공항 도착 후 한국행 아시아나에 몸을 실으면 미국 생활은 끝이었다. 그래서 이 땅에 남은 미련을 남김없이 태우고자 21~22일 크릭 인디언들의 집거지를 거쳐 출발 전날 오클라호마 시티에 입성하기로 했다. 무스코기(Muscogee)와 오크멀기(Okmulgee)에 모여 산다는 크릭 인디언들을 만나기 위해 털사 방향의 동쪽 우회로를 택하기로 한 것이었다.

체류하는 동안 오클라호마에 거주하는 39개 인디언들 가운데 겨우 10여개 부족들을 접한 우리였다. 그 10여개 부족들 가운데는 이른바 '문명화된 다섯 부족들(촉토·치카샤·체로키·크릭·세미놀)'이 포함되어 있었는데, 그 가운데 오클라호마 동쪽의 크릭은 마지막 코스로 남겨 두고 있었던 것이다. 미국인들은 이 다섯 부족들을 'Civilized 5 Tribes'로 부르고 있었으나, 그동안 우리는 그 말에 대해서 상당한 거부감을 갖고 있었던 게 사실이다. 'civilized'를 '문명화된'으로 번역할 경우, 그동안 우리가 만난 여타의 인디언들은 뭐란 말인가. 우리가 보기에 그들 역시 이미 문명화된 미국 사회의 일원으로 훌륭하게 살고 있었기 때문이다. 인디언의 역사와 문화를 전공하고 있는 OSU 역사과의 모제스(Dr. L. G. Moses) 교수에게 물었더니, 이 다섯 부족들이 '식민시대나 초기 미 연방시대에 앵글로 색슨 계열 정착자들의 생활방식이나 관습을 수용, 그들과

선린관계를 맺어오면서 문명화되었음'을 뜻하는 말이라고 했다. 내가 그 말을 '미국화'로 바꾸어 이해해도 무방하겠다고 생각한 것은 그 때문이었다.

무스코기 초입의 길가에 세워진 환영 표지판

2월 21일. 겨울날씨치곤 쨍쨍하게 맑고 온화했다. 이 땅을 떠나기로 되어 있는 24일까지 만 3일. 하룻밤은 인디언 구역에서, 나머지 이틀 밤은 오클라호마시티에서 보내기로 했다. 짐가방들을 트렁크에 때려 실은 우리는 렌터카를 몰고 학교를 한 바퀴 돈 뒤 177번, 412번, 44번 하이웨이 등을 번갈아 타면서 무스코기로 달렸다. 털사로부터 한 시간쯤이나 달렸을까. 무스코기 초입의 길가에 자그마한 관광안내소(Muskogee Tourist Information Center)가 나타났고, 그 건너편에 참한 식당 하나가 숨듯이 서 있었다. 이곳에서 '아미쉬 레스토랑(Amish Restaurant)'을 만나다니! 행운이었다. 전통 기독교 교회공동체 아미쉬. 메노파(Mennonite) 교회들과 비슷하면서도 다른 집단이 그들이었다. 그들은 스위스 애나뱁티스트(Anabaptist) 즉 '재세례파(再洗禮派)'(16세기 종교개혁의 급진적 좌파 운동 집단으로서 유아세례를 부정, 죄와 믿음을 공개적으로 고백하고 성인세례를 받는 것만이 타당한 세례라고 보았음)와 근원을 공유한다. 단순한 생활, 검소한 복장, 문명과 기술의 이기(利器) 등을 기피하는 그들이었다. '목마른데 옹달샘 만난 격'으로 여기서 그들이 운영하는 식당을 만나게 된 것. 앤틱 풍의 인테리어가 약간은 생소했으나, 벽면 가득 옛날 장식품들이 편안해 보였고 이들만의 풍미(風味) 또한 일품이었다.

다시 관광안내소로 돌아와 후덕하게 생긴 중년 여성 자원봉사자의 친절한 설명을 들었다. 무스코기라 지칭하기도 하는 크릭 족은 오클라호마 주에 근거를 두고 있으며, 현재 이곳 외에 앨라배마 · 조지아 · 플로리다 등에도 분포되어 있었다. 우리가 이미 만나 본 세미놀 족 역시 이들처럼 무스코기 어(크릭어)를 사용하는, 가까운 부족이었다. 원래 무스코기 족은 오늘날 테네시 · 조지아 · 앨라배마 주에 걸쳐 흐르는 테네시 강을 따라 건축물을 쌓았던 미시시피 문명의 후예로 추측된다. 미시시피 문명을 이룬 사람들 가운데 최대의 공동체는 '카호키아 토성터(Cahokia Mounds)'로부터 나왔으리라 추정되는데, 이미 그 시대에 분화된 계급사회나 상속이 이루어지던 종교적 · 정치적 집단이 생겨나 미국의 중서부와 동부를 800년부터 8세기 가까이 지배하고 있었다. 우리가 보고 있는 무스코기 족이 바로 그 후손들이었던 것이다.

그들은 초기에 개척자로 등장한 스페인 사람들과 많은 갈등을 빚었고, 그 가운데 탐험대를 이끌고 나타난 스페인 사람 데소토(De Soto)와 '마빌라 전투(Battle of Mabila)'를 벌이기도 했다. 데소토의 탐험대가 퍼뜨린 전염병으로 많은 인디언들이 죽어 인구가 급격히 감소되었고, 결국 미시시피 문명도 붕괴되기에 이르렀으나, 살아남은 인디언들 가운데 무스코기 어를 쓰는 사람들이 무스코기 부족 혹은 무스코기 부족 연합으로 다시 뭉치게 된 것이었다.

1866년 새 정부를 세운 크릭 족은 오크멀기를 수도로 정했고, 1867년에 세운 의사당을 1878년엔 더 크게 확장했다. 우리가 돌아본 크릭 네이션 의사당은 '국가의 역사적 랜드마크'로서 크릭 족 의사당 박물관으로 사용되고 있었다. 크릭 족은 번영기였던 19세기 마지막 10년 동안 학교 · 교회 · 공공건물 등을 지었는데, 이 시기 이 종족은 자치조직을 갖고 있었으며 그로 인해 연방정부로부터는 최소한의 간섭만 받고 있는 상태였다.

1898년 '커티스 법(Curtis Act)'에 의해 부족 정부가 해체되었고, '도스 할당법(Dawes Allotment Act)'에 의해 부족의 임대 토지는 사라지게 되었다. 도스 위원회는 부족원들을 '혈통에 의한 크릭 족'과 '자유민으로서의 크릭 족'으로 나누어 등록을 했다. 1906년 4월 26일, 미합중국 의회는 1907년에 오클라호마가 주의 자격

문명화된 다섯 부족 박물관

을 인정받을 것으로 예상, '1906년 문명화된 다섯 부족 법안'을 통과시키게 되었다. 크릭 족은 8,100㎢의 땅을 비원주민 정착자들과 정부에 빼앗긴 뒤에야 '1936년 오클라호마 인디언 복지법' 아래 일부 무스코기 족 도시들은 연방으로부터 인정을 받게 된 것이었다. 크릭 네이션은 1970년까지 연방으로부터 승인을 받지 못하다가 1979년에야 1866년의 헌법을 대체하는 새 헌법을 만들었고, 1976년 하르호(Harjo)와 클레피(Kleppe) 간의 법정 소송사건으로 미합중국의 '가부장주의'가 종식되면서 민족자결권 확보의 가능성이 높아지게 되었다. 크릭 네이션은 후손들의 구성원 자격을 결정하기 위한 기초로 도스 법의 명단을 이용, 58,000명이 넘는 할당자들과 그들의 자손들을 등록시키기에 이른 것이다.

현재 크릭 족의 인구는 69,162명, 주요 거주지는 미국의 오클라호마 주이며, 종교생활은 기독교(특히 침례교와 감리교)와, 종교적 · 정치적 · 전통주의적 성격의 조직인 'Four Mothers Society'를 중심으로 영위되고 있는 것이 특이했다. 특히 크릭, 체로키, 촉토, 치카샤 등 네 종족이 주로 그들의 땅을 비원주민 이주자들에게 할양하도록 한 도스 법이나 미 의회의 법안 활동 등에 반발하여 결성한 복합적 조직이 바로 이것이었다.

인포메이션 센터의 안내원으로부터 이상과 같이 무스코기와 오크멀기에 관한 풍부한 정보를 얻은 다음 본격적인 탐사에 나섰다. 먼저 언덕 위의 '문명화된 다

미들랜드 역사를 개조하여 만든 무스코기의 삼강박물관(Three Rivers Museum)

섯 부족 박물관(Five Civilized Tribes Museum)'에 들렀는데, 1850년 5월 26일에 세워진 '무스코기 네이션'의 옛 건물을 쓰고 있었다. 그러나 들어가 보니 소장품은 별스럽지 않았다. 1층에는 다섯 부족의 문장(seal)들과 사진 몇 장이 걸려 있었는데, 사진조차 찍지 못하게 했다. 1층에서 올려다보니 2층에도 식탁이나 의자 등 생활사 자료들이 몇 가지 진열되어 있을 뿐이어서 사진을 찍지 못하게 하는 이유를 어렴풋이나마 깨달을 수 있었다. 이미 다른 네 부족들을 찾아 그들 문화와 역사유물들의 진수를 맛보고 온 우리였다. 그러한 유물들의 일부를 복제하여 모아 놓고 '문명화된 다섯 부족 박물관'의 간판을 붙인 뜻은 좋았으나, '부족 간 통합문화'를 보여주기엔 턱 없이 모자라는 컬렉션이었다.

실망감을 안고 무스코기 시내로 달려 들어갔으나, 이곳 역시 다른 도시들과 마찬가지로 경기가 안 좋아서인지 기름기가 빠져 있었다. 옛 건물들의 흐릿한 간판으로나 경기가 좋았던 그 시절의 분위기를 짐작할 수 있을 뿐 널찍한 시내 도로들에는 먼지만 날리고 있었다. 우리는 옛날의 역사(驛舍)를 재활용하여 만든 '삼강박물관(Three Rivers Museum)'을 방문했다. 잘 나가던 시절 카우보이들이 텍사스나 오클라호마의 중남부로부터 몰고 온 소떼들을 열차에 싣고 동부로 나아가던 오클라호마 주의 출구가 바로 이곳이었다. 카운터에 앉아 있던 여성 자원봉사자 한 분이 오랜만에 만나는 외국 손님에 당황했는지 허둥거리며 친절을 베풀었다. 큰 역사를 박물관으로 개조한 만큼 세련되지는 않았으나, 오

삼강박물관 안에서 보안관 및 직원들과 함께

클라호마 주의 어디에서나 볼 수 있는 현장감이 이곳에서도 물씬 풍겨났다. 잠시 후 그 여성이 전화로 호출한 정식 큐레이터가 달려왔고, 그녀로부터 박물관을 꽉 채운 각종 생활사 자료들에 대한 설명을 들었다. 설명이 다 끝나갈 무렵 크릭 인으로 보이는 건장한 체구의 보안관이 들어왔다. 홀을 꽉 채울 듯 거대한 몸집의 그는 꽤나 붙임성이 좋았다. 대대로 이 도시에서 살아온다는 그는 보안관이라는 자신의 직책에 큰 자부심을 갖고 있는 듯 했다. 무엇보다 한국에 대한 호감을 갖고 있었으며, 자신의 가계와 이 도시에 대한 자랑을 늘어놓기 바빴다. 급기야 우리를 환영하려는 의도였는지 자신의 권총을 빼내 현란한 손놀림을 보여주기도 했다. 밖에 놓인 열차 유물까지 둘러 본 다음, 친절한 사람들로부터 간신히 빠져 나온 우리는 즉시 차를 몰아 1시간 거리의 오크멀기에 도착, 1박을 하게 되었다.

토요일인 다음날 오크멀기의 탐사에 나섰다. 공공기관이나 박물관 등은 대부분 문을 닫은 상태. 하는 수 없이 도심 주요부분들을 걸어 다니며 느껴보기로 했다. 윤기가 빠진 점은 다른 도시들과 같았으나, 규모가 제법 컸다. 오클라호마 주 오크멀기 카운티의 도시이자 남북전쟁 이래 크릭 네이션의 수도였던 곳. 그 명칭 'Okmulgee'는 영어로 '끓는 물(boiling water)'을 뜻하는 크릭 단어 'oki mulgee'에서 나왔다는데, '졸졸 흐르는 시내(babbling brook)' 혹은 '증발·악취

(effluvium)' 등으로도 번역된다는 점을 감안하면, 옛날 그 지역은 노천온천 지역이었을 가능성이 커 보였다. '악취 나는 끓는 물'이었다면 아마도 유황온천이었으리라. 인근의 체로키 네이션에서 발견한 그들의 환영사 'Osiyo(오시요)'를 내가 우리말 '(어서) 오시오'에서 나온 것으로 해석했듯이, 'oki mulgee'는 '아쿠 (뜨거운) 물!'로부터 나온 것이나 아닐까 상상해 보았으나, 근거를 대지 못하는 한 부질없는 생각일 수밖에 없으리라.

남북전쟁 이후 내내 크릭 네이션의 수도였던 만큼 시내 곳곳에 고풍스런 자취가 많이 남아 있었다. 33.2㎢의 넓은 땅에 2010년 기준 12,321명의 인구가 분산되어 살고 있으므로 한산할 수밖에 없지만, 전체적으로 운기는 빠져 있었다. 우리가 찾으려 한 '오크멀기 다문화 역사 박물관(Okmulgee Multicultural Historical Museum)'을 길가에서 발견하고 차를 멈추었으나, 이미 문을 닫은 채 '이전했다'는 메모만 문 앞에 걸려 있었다. 주변에 물었으나, 어느 곳으로 갔는지 아는 사람이 없었고, 찾아간들 토요일에 문을 열었을 리 없어, 하릴없이 무스코기 네이션 본부가 위치한 곳을 찾았다. 이미 130여년이나 지난 시기의 건물들이 넓은 땅에 여유롭게 늘어서 있었다. '무스코기 네이션 크릭 카운슬 하우스(Muscogee Nation Creek Council House)', '크릭 의회 의사당(Creek Capitol)', '크릭 네이션 수도 청사(Creek Nation Capital)' 등 단순 소박한 형태의 건물들이 주변의 상가들과 행복한 어울림을 이루고 있었다. 1867년 조직된 크릭 네이션의 수반 코우치먼(Ward Coachman) 시대에 오크멀기는 수도로 지정되었고, 1870년에는 '오크멀기 헌법'도 제정되었다. 의사당 건물 뒤편의 잔디밭에는 어딜 가나 볼 수 있는 인디언 관련 유물들이 늘어서 있었고, 그 가운데 '눈물의 여정' 표지도 버티고 서 있었다. 미국이 인디언 특히 크릭 족에 대하여 자행한 횡포를 고발하는 내용임은 물론이다. 어느 인디언 네이션에 가도 'Trail of Tears' 표지는 눈에 가장 잘 띄는 곳에 서 있었다. 인디언들에게 가한 미국의 원죄는 인디언이 살아 있는 한 업보가 되어 그들을 괴롭힐 것임을 이 표지판은 말해주고 있었다.

크릭 의회 의사당(Creek Capitol)

　의사당을 떠난 우리는 널찍널찍한 주택가를 배회하다가 크고 멋진 교회들을 만났다. 그 가운데는 미국에서 보기 드문 천주교 성당도 있었다. 이름은 '빠두아의 성 안토니 가톨릭 교회(St. Anthony of Padua Catholic Church)'. 천주교 신자인 아내의 주장으로 그곳을 방문하게 되었다. 성당 뒤편 주차장에 차를 대는데, 작은 차 한 대가 또르르 달려왔고, 문이 열리면서 로만칼라 복장의 연세 지긋하신 신부 한 분이 미사 예복을 손에 걸치고 급히 나와 성당 안으로 들어가는 것이었다. 우리도 부랴부랴 성당 안으로 들어갔다. 그런데 성당 안은 텅 비어 있는데, 아까 들어온 신부가 촛불을 붙이고 있었다. 인사를 하고 물으니 오늘 특별 미사가 있는데, 아직 수녀가 당도하지 않아서 당신이 직접 미사 준비를 하고 있다는 것이었다. 한국에서 온 관광객이라 하자 반색을 하며 우리를 위해 포즈를 취해 주었다. 휑하니 넓은 성전에는 우리 둘 만 앉아 있었고, 신부 혼자 미사 준비에 분주한 모습이었다. 참 겸연쩍었다. 최소한 한 시간 가까이 걸릴 미사에 우리 둘만, 그것도 천주교 신자로는 아내 한 사람만 참여하는 셈이니, '참으로 기이하고 멋쩍은 경험' 아닌가.

　'우린 갈 길이 바쁘니 어여 나갑시다!' 신부가 예복을 입으러 들어간 틈에 나는 아내의 옆구리를 찔렀다. 나의 표정이 완강해 보였던지 아내도 마지못해 따라나섰다. 밖으로 나오며 생각하니 참으로 미안하고 안쓰러웠다. 특별미사에 신도

오크멀기에 있는 빠두아의 성 안토니 가톨릭 교회에서 만난 사제

무스코기 제일장로교회 내부

는 하나도 없고, 그나마 찾아온 한국인 관광객 두 명마저 종적이 묘연하게 사라지고 말았으니, 미사복을 입고 나온 신부는 얼마나 황당했을까. 7~8년 전 유럽 자동차 여행에 나섰을 때의 기억이 떠올랐다. 상당수의 성당이나 교회들은 주일날에도 문이 닫혀 있었다. 주일 예배에 참여하고자 하이델베르그의 한 교회에 갔더니 교회 문은 열려 있었으나 목사 한 분이 앉아서 무료하게 책을 읽고 있을 뿐이었다. 서구사회에서 교회가 망하고 있음을 절감한 순간이었다. 그래

서인가. 이 성당 정면엔 '미국정신과 함께 가톨릭 정신이 꺼지지 않도록!(Keeping Catholicism Alive With American Spirit)'이라고 쓰인 걸개가 늘어져 있었다. 그에 비해 프로테스탄트 교회들은 아직 살아 움직이고 있었다. 교회에 모여 활동을 벌이는 젊은이들은 미국 사회에 뿌리내린 신교의 힘을 보여주고 있었다.

도시 외곽에 자리 잡은 OSU 무스코기 캠퍼스를 거쳐 '무스코기 참전용사 비', '무스코기 크릭 네이션 지방법원' 등을 일별한 다음 마지막 행선지 오클라호마시티를 향해 40번 하이웨이에 접어들면서 우리의 크릭 탐사는 끝이 났다.

***

크릭 족을 대면하기 위해 무스코기와 오크멀기를 찾았으나, 박물관의 유물이나 건축물로 남아 있는 삶의 흔적만 보았을 뿐, 그들의 종적은 없었다. 사실 아직도 검붉은 얼굴에 검은 머리칼을 날리는 그들의 모습이 유지될 리는 없을 것이다. 아니 그렇게 하는 것이 바람직한 일도 아닐 것이다. 나와 다른 모습의 이웃들과 섞이고 사랑함으로써 나를 변모시키는 것만이 살아남는 길이었을 터. 물론 신화 속에 살아 숨 쉬는 인디언들의 문화나 의식도 언젠간 새로운 시대 새로운 삶의 원리로 부활될 수 있으리라. 돌고 도는 것이 세상 이치라면, 지금 위세를 떨치는 서구문화의 끝판 어디쯤에서 그 옛날 인디언들이 영위하던 생활양식이나 정신이 그들의 이름표를 떼버린 채 새로운 삶의 원리로 사람들을 고양(高揚)시키게 되리라. 그 때를 기다리며 은인자중하며 살아가는 크릭인들을 우리는 여기서 만난 것이다.

오클라호마 밖의 인디언: 뉴멕시코의 앨버커키와 스카이 시티, 그리고 푸에블로 족

내 나이 또래의 한국인으로서 '푸에블로(Pueblo)'란 이름을 기억 못하는 사람은 없을 것이다. 한참 오만했던 북한이 간첩들을 활발하게 남파하여 우리나라를 흔들다가 급기야 청와대 폭파와 요인 암살을 목적으로 김신조 등 무장공비들을 내려 보낸 것이 1968년 1월 17일. 그 바로 일주일 후인 1968년 1월 23일엔 원산 앞바다에서 미국 정보 수집함 푸에블로 호가 북한에 의해 나포되었다. 필자 나이 당시 11살. 간첩들이 내 고향 동네의 훌륭한 청장년 두 명을 밤에 죽이고 내뺀 사건으로 몸서리치고 있던 차, 김신조와 푸에블로 호 사건은 '북괴'에 대한 불신과 증오의 대못을 내 마음에 박고 말았다. 그 '푸에블로'란 명칭의 원조를 미국에 와서 만난 것이다.

그간 틈 날 때마다 인디언들을 찾아 다녔으나, 시간부족 · 역부족을 느낄 뿐이었다. 미국 전역에 564개, 오클라호마에만 39개 종족의 인디언들이 살고 있는데, 나 혼자 어느 세월에 그들을 다 만난단 말인가. 거의 6개월 동안 '문명화된 5개 종족'을 포함 10개 정도의 인디언 종족들을 만나면서 힘과 의지의 소진(消盡)을 절감하게 되었고, 바깥으로 눈을 돌리던 중 오클라호마 주의 이웃인 뉴멕시코에 '푸에블로 인디언'이 있다는 정보를 얻게 되었다.

사실 오클라호마에서 만나는 인디언들은 그들의 정체성을 의심할 정도로 미국화(Americanization)되었다는 것이 그간 내린 내 판단이었다. 내 느낌으로 이 점은 이른바 '문명화'되었다는 5개 종족 뿐 아니라 여타 종족들의 경우도 마찬가지였다. 모두 영어를 사용하고 미국인들의 생활양식으로 살며 미국 정치체제 속의 일원으로서 '아메리칸 드림'의 실현을 추구하는 인디언들에게서 그들만의 종족적 정체성을 찾으려 한다면, 참으로 어리석은 일일 것이다. 인디언들을 만난다면서 박물관이나 찾아다니는 내 모습을 발견하고 좌절을 느낀 것은 그런 깨달음의 자연스런 귀결이었다. 물론 박물관은 한 종족이나 민족, 국가의 '과거 · 현재 · 미래가 통합되어 숨 쉬고 있는 생명의 공간'이라는 것이 내 지론이긴 하다. 그러나 분명 주변에 인디언들이 살아서 어슬렁거리고 있는데, 왜 나는 한사코 '화석화된 것처럼' 보이는 박물관만 찾아다니는가. 그런 회의가 엄습한 것이다.

생각해 보라. '미국화 된 인디언들'은 외모만 인디언의 모습을 띠고 있을 뿐,

애코머 푸에블로 인디언들이 살고 있는 스카이 시티의 메사(mesa)에서 내려다 본 경관

문명사회나 주류사회의 일원으로 편입되고자 하는 욕망이 누구보다 강하다. 그건 미국사회의 여타 마이너리티들인 유색인들이 그런 욕망을 갖고 노력하는 것과 똑 같다. 재미 한인들에게 미국화 되지 말고 '한국인으로서의 정체성을 견지(堅持)하라'는 정신 나간 주문을 할 수 없는 것은 인디언들에게도 마찬가지인 것이다. 그런 관점에서 인디언 문화와 역사의 탐사에 나선 내 행로가 암초를 만난 것은 분명했다. 그렇게 새로운 돌파구를 찾을 필요가 절실할 때 홀연 나타난 것이 뉴멕시코의 푸에블로 인디언들이었다.

그들을 만나러 앨버커키(Albuquergue)로 가는 하이웨이의 주변은 키 낮은 식물들과 크고 작은 돌들이 깔린 사막지대였다. 그리고 몇 마일씩 간격을 두고 다양한 이름의 푸에블로 인들이 살고 있는 구역들이 우리의 시야를 거쳐 지나갔다. 푸에블로 인디언들의 종류가 이렇게도 많단 말인가. 뉴멕시코에 오기 전만 해도 푸에블로는 단일민족인 줄 알았던 내 무지가 여지없이 무너져 내렸다. 오밤중이나 되어서야 앨버커키에 도착, 호텔에 1박을 하면서 다음 날 가기로 한 '스카이 시티(Sky City)'의 기록들을 점검했다. 그 동안은 매혹적인 이름에 정신이 팔려 그곳이 '애코머 푸에블로(Acoma pueblo)' 인디언들만의 거주구역임을 모르고 있었던 것이다. 그저 그곳에 가면 푸에블로 인디언들을 만날 수 있으리라는 막연한 기대 하나만 갖고 왔을 뿐이었다. 그러나 차를 타고 오면서 다양한 종의 푸에블로 인디언들이 있음을 알게 되었고, 스카이 시티에 살고 있다는 '애코머 푸에블로'도 그들 중 하나일 뿐임을 비로소 깨닫게 되었다. 그래서 일단 이 지역에서는 스카이 시티의 애코머 푸에블로 인디언들을 만나는 데 초점을 두기로 한 것이다.

애코머 푸에블로 인디언들은 앨버커키에서 서쪽으로 60 마일쯤 떨어진 곳의 스카이 시티, 애코미터(Acomita), 맥카티스(McCartys) 등 세 마을에 살고 있었다. 원래 푸에블로가 점유해온 땅은 500만 에이커에 달하는데, 실제로 현재는 그 면적의 단 10%만 소유하고 있었다. 그 가운데 스카이 시티가 바로 '올드 애코머(Old Acoma)'의 원래 거주지란다. 미국정부의 2010년 통계에 따르면, 5000 명 정도의 애코머 인들이 종족적 정체성을 갖춘 사람들로 확인되며, 그들이 이 지역을 800년 이상 계속 점유해온 것이라 했다.

그렇다면 '푸에블로'나 '애코머'란 말들은 과연 어디서 나온 것일까. 앨버커키에 와서 들은 바에 의하면, '푸에블로'란 '마을(village)'이나 '작은 도시(town)'를 가리키는 스페인 말이며, 미국 서남부의 사람들 혹은 그곳의 독특한 건축을 가리키는 뜻이라고도 했다. 그리고 '애코머'란 말도 스페인어에서 나왔는데, '항상 있었던 장소/항상 그러했던 장소(the place that always was)' 혹은 '화이트 락의 주민들(People of the White Rock)'을 뜻한다고도 했다. 뉴멕시코 샌 후안 카운티(San Juan County)의 나바호(Navajo) 인디언 정착지가 바로 화이트 락 캐년(White Rock Canyon)인데, 그렇다면 원래 그곳에 살던 애코마 푸에블로 인들이 나바호 인들을 피해 이곳으로 온 것인지 필자의 짧은 지식으로서는 알 수가 없었다. 어쨌든 애코머 푸에블로 사람들은 건축물이나 농사짓는 양식, 혹은 도자기 등에 나타나는 예술성으로 미루어 아나사지(Anasazi), 모골론(Mogollon), 기

어도비 건축양식으로 지어진 스카이 시티의 주택들

타 다른 고대 부족들로부터 갈라져 나온 종족으로 추정된다고 했다.

아침 일찍 앨버커키의 숙소에서 나온 우리는 복잡한 산길 60마일을 달려 넓게 펼쳐진 분지 속의 스카이 시티에 산다는 애코머 푸에블로 인들을 찾았다. '스카이 시티 컬츄럴 센터(Sky City Cultural Center)'에 당도하여 긴 시간을 기다리고 난 11시 반에야 가이드 투어에 참여할 수 있었다. 애코머 푸에블로 인들이 살아온 메사(mesa) 즉 '꼭대기가 평평하고 주위가 벼랑인 돌 잔구'는 높이가 365피트(111.3m)나 되는데, 길은 잘 나 있었지만, 관광객들이 개인적으로 그곳에 접근할 수는 없었다. 반드시 셔틀버스로 이동하여 가이드의 안내를 받도록 되어 있었다.

셔틀버스를 타고 센터로부터 어마어마한 돌덩어리들 사잇길로 10분 정도 달려 올라가니 오랜 옛날부터 있어 온 듯 메사 위엔 애코머 푸에블로 인들의 전통 주거지가 조성되어 있었다. 모든 집들이 어도비(adobe) 양식으로 지어진 것은 물론이고, 대체로 3열 3층으로 이루어진 아파트 양식의 건물들이었는데, 모두 남향이었다. 이 건물들을 보며 이른바 어도비 양식의 핵심을 이해할 수 있었다. 즉 서까래, 풀 짚, 회반죽 등으로 덮은 지붕을 대들보가 가로질러 밖으로 삐죽삐죽 나오게 한 다음 어도비 벽돌로 벽면을 마무리하는 공법이었다. 1층 집의 지붕은 2층 집의 바닥이 되고, 2층 집의 지붕은 3층 집의 바닥이 되니, 실

어도비 양식으로 지어진 스카이 시티의 '성 이스테반 성당'

로 멋진 '상호의존적 건축법'이라 하지 않을 수 없었다. 그런 집들의 사이사이에 조성된 광장에서 각종 전통 행사들이 열렸으리라.

2층이나 3층집을 오르내릴 땐 반드시 나무 사다리를 사용했다. 만약 위에서 사다리를 치워버리면 그 집에 올라갈 수 없으므로 그것은 일종의 '외적에 대한 자위(自衛) 수단'이기도 했다. 지금처럼 차가 다닐 수 있는 길이 나기 전에는 평지에서 메사를 오르내리던 통로라 해야 기껏 암석 표면을 파서 만든 가파른 계단뿐이었을 것이니, 그곳만 막으면 외적들이 메사 위의 주택가로 올라올 수가 없었을 것이다. 뿐만 아니라 대부분의 집들 앞에는 그들의 전통 빵을 굽는 흙 화덕이 만들어져 있고, 개중에는 최근 빵을 구운 듯 그을음이 밖으로까지 번져 나온 경우도 보였다. 서남쪽 벼랑 위엔 엄청난 크기와 규모의 어도비 건축물 '성 이스테반 성당(San Esteban Del Roy Mission)'이 있고, 그 앞마당엔 공동묘지가 조성되어 있었다. 사진은 성당의 겉면만 찍을 수 있었고, 그나마 공동묘지 근처에서는 카메라에 손도 대지 못하게 막는 것으로 보아, 성당 내부나 공동묘지가 그들에겐 성역(聖域)임을 알 수 있었다.

그들의 종교나 신앙에 관한 궁금증은 전형적인 애코머 푸에블로 인디언인

스카이 시티의 공터에 세워진 애코머 푸에블로인들의 기우제구(祈雨祭具)

가이드의 설명으로 대부분 해소되었다. 그는 "애코머 인들의 전통 신앙은 인간의 삶과 자연 사이의 조화를 강조한다는 것, 태양은 창조주 신을 대리하는데, 공동체를 둘러 싼 산들과 그 위에 떠 있는 태양 그리고 그 아래의 땅이 균형을 이루어 애코머의 세계를 형성한다는 것, 전통 종교 의례는 충분한 강우를 비는 데 중심이 있었으므로 날씨에 많이 좌우된다는 것, 그런 제의에서 카치나(kachina) 댄서들이 춤을 춘다는 것, 푸에블로 거주지에는 종교 의례를 행하는 방 즉 키바(kiva)들이 있다는 것, 각 푸에블로의 지도자는 공동체 종교의 지도자이거나 추장의 지위를 갖고 있는데, 추장은 태양을 관찰하여 종교의례의 스케줄을 짜는 지침으로 사용한다는 것, 많은 애코머 인들이 가톨릭 신도들이며 그들의 행사에 가톨릭 정신과 전통 종교가 혼합된 모습이 보인다는 것, 아직도 많은 제의들이 살아 있는데, 9월에는 그들의 수호신인 스테판 성인(Saint Stephen)을 기리는 축제가 있다는 것, 그날에는 메사가 대중들에게 개방되어 2천명 이상의 순례객들이 축제에 참여한다는 것" 등을 열심히 설명했다.

성당에 이르기 전 중앙 광장에는 세 개의 흰 색 통나무들을 엮고 위쪽에 가로막대를 댄 '사다리 모양의 제구(祭具)' 두 개가 가옥에 비스듬히 걸쳐져 있었는데, 가이드에게 용도를 물으니 일종의 '기우제의(祈雨祭儀)'에 쓰이는 물건들

이라고 했다. 즉 세 개의 통나무는 '빗줄기'를, 위쪽에 댄 가로막대는 비구름을 상징한다는 것이었다. 사막지대에서 늘 물이 모자라 고통을 받던 그들의 삶을 여실히 보여주는 제구였다. 말하자면 가톨릭과 전통 제의가 공존하던 신앙의 형태를 현장에서 확인하게 된 것

자신들이 만든 작은 그릇이나 공예품들을 팔고 있는
애코머 푸에블로 어린이들

이었다.

그렇다면 이들의 가족 형태는 어떨까. 모계사회인 애코머 인들에게는 대략 20개의 클랜(Clan)들이 있었는데, 오늘날에는 19개의 클랜들이 살아 있으며, 각각의 클랜에 따른 상징동물들이 있었다. 클랜의 상속에 대하여 물으니 서로 다른 클랜 출신의 남녀가 결혼하여 아이를 낳을 경우 모계사회인 만큼 아이의 클랜은 어머니의 것을 따른다고 했다. 이들의 결혼은 모노가미(monogamy) 즉 일부일처제로서 이혼은 매우 드물며, 사람이 죽은 경우 4일 낮밤을 새운 뒤 매장한다고 했다.

가이드를 따라 이동하는 곳곳에 애코머 여인들이 좌판을 벌이고 앉아 있었다. 주로 그들이 직접 구운 도자기와 비드(bead), 수예 등 전통 수공예품들이었다. 아이들도 자신들이 만든 아기자기한 도자기들을 갖고 나와 파는 것을 보며, 공예기법이 부모로부터 자녀들에게 전수되는 양상을 확인할 수 있었다. 구입을 강요하진 않았으나, 이들 좌판에 연결되도록 가이드의 이동경로는 교묘하게 짜여 있었다. 카지노 등의 독점 사업으로 쉽게 돈을 버는 데 만족하지 않고 자신들의 본거지에서 조상으로부터 물려받은 기술을 바탕으로 자립하고자 하는 그들의 의지가 매우 바람직하게 느껴지는 순간이었다.

애코머 인들에게서 미국화(Americanization)의 냄새를 맡을 수는 없었다. 그러나 현재 메사의 전통가옥에 사는 주민들은 극히 일부분이고 도시로 나가 사는 사람들이 대부분이었다. 그리고 가이드가 보여준 것처럼 그들 역시 미국인인 만큼 영어를 유창하게 구사하고 있긴 하지만, 자신들의 정체성만큼은 어떻게든 붙잡고 있으려는 노력이 돋보였다. 스페인이 지배하던 멕시코의 한 부분이었으므로 미국의 다른 지역과 달리 이 지역은 가톨릭이 지배적인 종교였다. 그러나 그들의 지배를 받아 가톨릭을 받아들이면서도 자신들의 전통 신앙을 버리지 않은 애코머 푸에블로 인들이었다. 또한 인근 부족들과의 교역을 통해 부를 축적하고 자신들의 안전을 지키기 위해 메사의 고지대에 거주하는 지혜를 발휘하기도 했다. 어도비라는 건축양식을 통해 주변 자연환경과 조화를 이루는 생활미학을 구현하고 뉴멕시코의 지역 미학으로 승화시킨 점은 무엇보다 먼저 강조되어야 할 그들의 공로였다. 그들은 아름다운 도자기와 각종 수공예품들을 직접 생산하여 지금도 외부인들에게 팔고 있었다. 그와 함께 아직도 5천에 가까운 애코머 인들이 자신들의 정체성을 지키며 이 지역 혹은 그 인근에 살고 있으며, 외부와의 통로를 열어놓은 채 자신들의 미래를 가꾸고 있었다. 애코머 푸에블로 인들이 비록 이 사회 마이너리티들 가운데 하나이지만, 그들이 뿜어내는 삶의 의지와 미래지향적 성향을 확인하게 된, 소중한 경험이었다.

돌에 새긴 푸에블로 족의 꿈

우리나라 울산의 천전리 각석(국보 147호)과 반구대 암각화(국보 285호)를 가보신 분들이 적지 않을 것이다. 수렵에 의존해 살던 수천 년 전인 선사시대의 우리 민족이 만들어낸 '생활예술'이 바로 그것들이다. 고래 · 호랑이 · 곰 · 멧돼지 · 거북 · 사슴 · 토끼 등 바다와 육지 동물들이 두루 등장하고, 20여명이 작지 않은 배를 타고 고래를 사냥하는 모습도 그려져 있다.

메사 포인트(Mesa Point)로 올라가면서 암각화가 새겨진 바위들이 자주 눈에 뜨인다

근처의 천전리 암각화에는 좀 더 추상화된 그림들이 등장한다. 연구자들의 분석에 따르면 마름모꼴이나 동심원 등으로 이루어져 있다는데, 그것들에 내포된 의미가 무엇인지는 분명치 않은 것 같다. 그러나 대상의 세밀 묘사에 치중한 사실화와 함께 내재된 의미를 암시하는 기호의 형상에 치중한 추상화가 같은 지역에 공존한다는 것은 선사시대에 이미 우리 조상들의 미학이 대단한 수준에 도달했음을 보여주는 증거일 것이다.

세계문화사적 관점에서 우리민족의 우수성이나 문화적 자존심을 선양하기 위해 그것들을 잘 보존하는 것만큼 중요한 일은 없을 것인데, '그냥 깔아뭉갤 것이냐 보존할 것이냐'를 두고 벌이는 말씨름에 귀한 시간을 허비하는 것 같아 안타까움을 금할 수 없다. 그런데, 이곳 뉴멕시코의 앨버커키에서 나는 그와 유사한 암각화들을 만났다. 물론 화질이나 형상화의 수준으로 우리나라 것들보다는 훨씬 못하지만.

앨버커키 도착 사흘 째 되던 날, 빛나는 햇살은 시가지에 서린, 찬 기운을 녹여주고 있었다. 우리는 앨버커키를 따라 17마일(27km)이나 이어진 '국립 암각화 유적지(Petroglyph National Monument)'를 찾았다. 안내소를 통과하여 한참을 운전해 가니 앞쪽으로 푹 파인 분지가 나타났고, 분지의 뒤로 병풍처럼 생긴 고원이 펼쳐져 있었다. 총 넓이 7,236 에이커(29.28㎢)의 분지와 고원은 그로테스크의 미학으로 자신을 과시하고 있었다. 화산작용으로 생긴 분지는 시가지의 주택가를 향해 열려 있었고, 그 주변을 길게 둘러싸고 있는 가파른 벼랑엔 화산활동으로 생긴 현무암들로 뒤덮여 있었다. 분지 위쪽은 공사로 인해 폐쇄되어 있어 부득이 분지 앞쪽을 보는 것으로 만족해야 했다. 저 시커먼 돌 더미들 사이에 무슨 의미 있는 것들이 숨어 있을까. 참으로 단순 소박한 황량함, 그리고 침묵만이 검은 돌들과 함께 그 공간을 메우고 있었다.

많은 것들이 포함되어 있는 공간인 '국립 암각화 유적지'. 다섯 개의 화산 분화구, 수백 개의 고고학적 현장, 대략 24,000여 점의 그림들을 포함한 문화와 자연 자원들이 담긴, 살아있는 박물관이었다. 그런데, 그 그림들은 모두 고대 푸에블로 인들과 스페인 정착자들에 의해 그려진 것들이었다.

정문을 통과하여 수백 미터를 전진, 산길 바로 앞의 작은 주차장에 차를 댔다. 나무다리를 건너 돌산에 들어서자마자 마치 푸에블로 인들이 그 사이에 숨어 있기라도 한 듯, 수많은 중얼거림이 돌들 사이에서 울려 나왔다. 그곳에 있는 돌들은 일종의 낙서장, 일기장, 혹은 소중한 게시판이자 광고판이었다. 푸에블로 인들이 돌에 새긴 자신들의 생각이나 소망이 바로 엊그제 올망졸망 유치원생들이 화판에 그린 그림들처럼 살아서 움직이고 있었다. 그림 가운데는 뱀이나 새 등 동물들도, 사람들도, 십자가도 있었으며, 알 수 없는 기호들도 적지 않았다. 어쩌면 그린 사람만이 알 수 있을 만큼, 그것들에 대한 의미의 해석이 쉽지 않았다. 예컨대 다음의 그림 같은 것들은 매우 복합적이면서도 상징적으로 보였다.

첫 번째, 두 번째 그림의 소재는 모두 독수리다. 그러나 첫 그림이 비교적 사실적임에 비해 둘째 그림은 약간 추상적이다. 일부 미국인 학자들은 이것을 앵무새(parrot)라 한다하나, 내가 볼 땐 턱없는 생각이었다. 이들이 이 황야에서 살아가던 무렵에는 '사냥'이 주업이었을 것이다. 그럴 경우 그들이 바라본 독수리 같은 맹금류야 말로 사냥의 천재가 아니었을까. 그간 돌아 본 10여 인디언 네이션들 대부분이 독수리를 상징동물로 채택하고 있었으며, 추장의 옷이나 모자 장식에도 독수리의 깃털이 주된 재료로 사용되고 있는 점을 확인했는데, 그건 그들이 독수리의 사냥 능력을 숭배해 왔다는 증거이리라. 어떤 인디언은 지금 미합중국의 상징 새가 독수리인데, 그것도 자기들의 것을 본뜬 결과라고 강변하며 웃기도 했었다.

우리가 바위에서 독수리 그림을 보고 있는 사이에도 하늘에는 독수리 한 마리가 유유히 선회하며 이곳을 내려다보고 있었다. 새 아래 왼쪽에는 작은 동물 한 마리가 들어 있는 네모 칸이 그려져 있다. 내 생각엔 이 그림은 아마도 땅위의 작은 짐승들을 귀신같이 잡아내던 독수리의 사냥능력이 자신들에게 전이되기를 기원하며 행하던 '유감주술(類感呪術, homeopathic magic)' 행위의 소산일 것이다. 두 번 째 그림에는 독수리와 동심원이 함께 등장한다. 그 동심원은 사실적이기만 한 다른 그림들에 비해 비교적 추상적인 성격을 지니고 있었다.

그렇다면 이 그림은 과연 무엇을 형상한 것일까. 동심원은 자아를 중심으로 번져가는 형상이다. 말하자면 '자아 중심의 세계 인식'을 드러내면서, 동시에 독수리로부터 받은 자신들의 힘과 권능이 주변 지역을 거쳐 결국 온 세상을 지배하게 되리라는 믿음이나 기원을 드러낸 것은 아닐까.

약간 복잡한 구도로 이루어져 있는 세 번째 그림에는 거북이, 말, 물고기, 작은 짐승들, 새 등이 등장한다. 말을 타고 땅 위의 짐승들을 사냥하던 모습이 그 내용인데, 집에 있던 부녀들이나 노인들이 사냥 나간 부족의 전사들이 '풍성한 포획'을 안고 돌아오길 기원하며 그린 그림으로 보인다. 네 번째 그림은 앞의

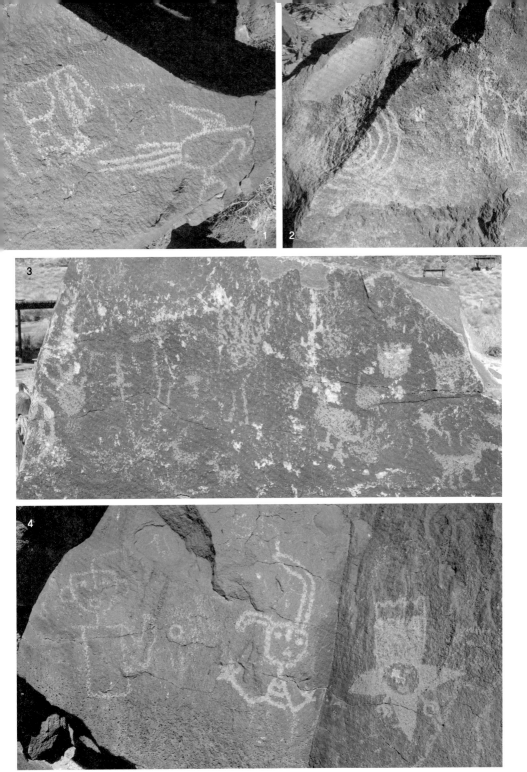

1. 그림 1   2. 그림 2   3. 그림 3   4. 그림 4

암각화 유적지에서 만난 방울뱀 그림

것들에 비해 추상도가 더 높은 경우다. 두 명의 인물과 알 수 없는 형상 등 세 개의 존재가 등장하는 것이 이 그림의 내용인데, 일종의 '추장 추대식' 혹은 대관식을 형상한 내용으로 보인다. 즉 머리카락 한 올을 달고 있는 맨 왼쪽의 인물은 모자를 쓰지 않은 인물이고, 가운데 인물은 풍성한 머리칼 혹은 모자를 쓰고 있는 인물이며, 왼쪽의 추상적 존재는 독수리의 상징적 의미(아름다운 깃털·밝고 지혜로운 눈·용맹한 발톱)를 부각시킨 모습을 하고 있다. 즉 특이한 복장을 하고 있는 부족의 원로가 새 추장으로 선출된 인물에게 독수리의 권능이 실린 추장의 모자를 그에게 씌워 줌으로써 부족 통솔의 전권을 맡기는, 일종의 대관식 현장을 그린 내용일 것으로 추정된다.

그런가 하면 방울뱀(rattlesnake)을 그려놓은 단순화도 등장한다. 사막지대인 이 지역에 많이 서식하던 방울뱀으로부터 피해를 입는 주민들이 많았기 때문에, '조심하라'는 일종의 경고표지로 그려 놓았을 가능성이 크고, 독수리가 방울뱀을 잡아채는 그림에도 독수리의 힘으로 방울뱀을 제어해주길 기원하는 주민들의 염원이 내재되어 있는 것으로 보인다.

***

벼랑에 깔린 검정 일색의 화산암들은 천연의 캔버스였다. 일찍부터 이곳에 터를 잡고 살던 푸에블로 인들에게 이 산은 커뮤니티의 단합이나 시공을 초월한 커뮤니케이션에 결정적으로 기여한 현장이었다. 글자가 없던 시대에 이들이 사용할 수 있었던 것은 구체적이면서도 추상적인 형상이었고, 그것들은 자신들의 의사를 표현하던 훌륭한 기호였다. 구체적인 그림들 속에 동심원 등 추

울주군 상북면 천전리 각석에 새겨진 다양한 문양들

상화 단계의 기호들을 보여주는 것으로 미루어, 그들의 발전이 순조로웠다면, 글자의 고안에까지 이르렀을지도 모른다. 그러나 스페인 인들의 도래로 인해 자체의 발전은 종말을 고하고, 결국 거대 권력의 품 안으로 스며들게 됨으로써 푸에블로의 문화적 정체성은 한갓 '돌멩이들 위의 낙서'로 남아 백규 같은 호사가들을 위한 상상의 자료로나 기여하게 된 것이었다.

울산의 반구대나 천전리의 예술을 주도했던 선사인들이 이곳까지 진출한 것으로 밝혀지길 기대하는 한국인들도 물론 있을 것이다. 그러나 세계 어느 곳에서나 만날 수 있는 암각화나 동굴화를 두고 동일 기원설을 주장하는 것도 사실무리일 것이다. 글자의 바로 앞 단계가 추상화된 기호이고, 그 앞 단계가 구체적인 그림이었음을 감안하면, 어느 지역의 종족이나 부족에게서도 발견할 수 있는 문화발전 단계의 보편적인 현상일 뿐. 굳이 이 지역의 그림에서 울산의 암각화를 떠올리며 흥분할 일만은 아니리라.

암굴 속에 서린 생존 의지, 반델리어 국립 유적지(Bandelier National Monument)'와 푸에블로 족의 말 없는 외침

9년 전 유럽 여행 중 터키 카파도키아(Kapadokya)의 괴레메(Göreme) 지역에서 만난 암굴 주거지는 지금까지도 큰 충격으로 남아 있다. 화산활동으로 생긴 다양한 모양의 암석과 암봉들에 침식작용으로 구멍이 뚫려 있었고, 많은 사람들이 오랫동안 그 안에 거주한 흔적들이 그 때까지도 생생하게 남아 있었다. 특히 카이마클리(Kaymakli)의 지하도시(Underground City)와 으흘라라 계곡(Ihlara Valley), 셀르메 계곡(Selime Valley) 등 네브세히르(Nevsehir) 코스에는 바로 어제까지 사람들이 살고 있었던 듯 온기까지 느껴졌다. 페르시아와 아랍인들의 침입으로부터 자신들을 방어하기 위해 6세기부터 10세기까지 8층 깊이(높이가 아닌)로 뚫린 카이마클리의 지하도시에는 각 층을 연결하는 가파르고 좁은 통로가 설치되어 있었고, 각 세대마다 거실과 침실은 물론 와인을 제조하고 저장하던 시설, 공동 주방 및 식당, 교회 등은 물론 까페도 있었다. 으흘라라와 로즈 계곡(Rose Valley) 등 지상에 서 있는 암굴 주택들의 벽과 천정에는 기독교 관련 프레스코 화들이 그득했다. 참으로 경이로운 일이었다. 그 정도는 아니지만, 그 놀라움을 지금 미국에서도 경험하게 된 것이었다.

산타페의 박물관들을 주마간산 격으로 스킴하고 멋지게 꾸민 이탈리아 식당에서 시장기를 달랜 후 우리는 '반델리어 국립 유적지'를 향해 쾌속으로 달렸다. 욕심도 과하지! 그곳을 본 다음 우리는 부랴부랴 멀고 먼 귀로에 올라 뉴멕시코를 벗어날 작정이었던 것이다. 그러나 산타페에서 반델리어 가는 길은 지금까지의 어떤 길보다도 만만치 않았다. 84번(285번) 하이웨이를 타고 산타페로부터 한 시간 가까이 사막지대를 달리다가 퍼와이키(Pojoaque) 턴파이크에서 502번으로 갈아탄 다음 더욱 높아진 산록 도로를 통해 몇 십 분을 더 달렸다. 제법 큰 도시의 모습을 갖춘 로스 알라모스(Los Alamos)부터는 가파른 산길이었다. 길은 그런대로 넓었고 노면 상태 또한 괜찮았으나, 왼쪽은 천 길 낭떠러지! 잔뜩 구름 낀 하늘엔 커다란 독수리가 선회하고 있었다. 범접하기 어려울 정도의 음산한 분위기가 계곡 아래쪽으로부터 스멀스멀 기어오르고 있었다. '무슨 이유였는지 모르지만, 그 옛날 이곳에 정착하기 위해 등짐을 진 어른들과 올망졸망 어린 것들이 길도 없는 이 등성이들을 넘었겠구나! 넘다가 실족하여 저

푸에블로 인디언들의 암벽 주거지
그들은 벌집 모양의 구멍들을 주택으로 활용했다

아득한 낭떠러지로 떨어져 내린 삶들도 좀 많았으랴? 생각하니, 삶에 대한 집착과 허무 사이의 비좁은 간극에 갑자기 콧마루가 시큰해졌다.

구불구불 산길을 넘어 오후 3시가 다 되어서야 비지터 센터에 도착했다. 추운 겨울, 비수기라서인지 우리를 포함하여 이곳을 찾은 사람들은 손에 꼽을 정도였다. 긴 코스와 짧은 코스가 있었지만, 시간 때문에 우리는 짧은 코스를 택했다. 사실 짧다 해도 충분히 둘러보려면 1시간 반 정도나 걸리는 코스였다. 비지터 센터를 떠나 본격 트레일에 접어드니 거대한 넓이로 땅 밑을 파낸 두 종류의 유허(遺墟)가 나타났다. 이른바 '빅 키바(Big Kiva)' 즉 푸에블로 인들의 지하 예배장이 아래쪽에 있었고, 그 위쪽에는 음식 저장고로 쓰이던 400개의 방을 가진 2층 구조물 즉 츄웨니(Tyuonyi)가 있었다. 그 주변에는 가옥으로 추정되는 지상 건축물들의 터가 많이 남아 있고, 거기서 올려다보니 주택 혹은 주택의 일부로 사용되던 벌집 모양의 암봉이 거대한 모습으로 버티고 있었다. 그곳이 바로 푸에블로 인들의 '암벽 주거지(Cliff Dwellings)'였다.

이 구역의 '암벽 주거지'는 두 군데였다. 하나는 짧은 코스에 있는 것들이고 또 하나는 그 위쪽의 '긴 주택(Long House)'들이었다. 우리는 짧은 코스의 것들을 보는 것으로 만족해야 했다. 이미 터키에서 정교하게 꾸며진 암굴들을 자세히 본 바 있는 내 입장에서 그리 놀랄 일은 아니었으나, 미국에도 이런 유형의 집들이 있을 줄은 꿈에도 몰랐던 것이다. 화산암(volcanic tuff)에 뚫린 동굴들은 그 자체가 좋은 집이나 안락한 방의 역할을 수행했을 공간들이었다. 사다리를 타고 안에 들어가니 대부분의 벽들은 불 냄새가 느껴질 정도로 까맣게 그을려 있어 누군가 이 안에서 불을 피우고 살았음이 분명했다. 암벽을 둘러 일정한 간격을 두고 작은 구멍들이 나 있었는데, 이것은 통나무들을 그 구멍에 끼운 다음 암벽에 의지하여 지어낸 푸에블로 전통가옥들의 흔적이었다. 구멍의 숫자로 보아 전성기 때는 매우 많은 세대의 집들이 이곳에 있었던 것으로 보였다.

그렇다면 그들은 이 깊고 척박한 산중에서 무얼 먹고 살았을까. 대략 12세기 중반에서 16세기 중반에 걸쳐 이곳에서 살았던 '선(先) 푸에블로(Ancestral Pueblo)' 인들은 메사(mesa)의 위쪽에 있던 들판에 농작물들을 재배하며 근근이 삶을 이어 나왔으리라. 옥수수·콩·호박 등은 그들의 주식이었으며, 자생식물들과 우리가 현장에서 발견한 사슴·토끼·다람쥐 등의 고기도 영양분을 보충하기에 요긴했을 것이다. 그 뿐 아니라 그들의 집 주변에서 기르던 칠면조로부터는 깃털과 고기를 얻었을 것이며, 개를 이용한 사냥도 가능했던 것으로 보였다.

안내원의 설명에 의하면, 반델리어에 인간이 깃들기 시작한 세월은 10,000년이 넘는다고 했다. 메사와 계곡을 가로질러 이동하는 야생 조수(鳥獸)들을 따라 다니던 수렵·채취 부족들이 바로 그들이었다. 그러나 서기 1,150년에야 '선 푸에블로' 인들은 반영구적인 주거지를 짓기 시작했고, 1550년에는 이곳을 떠나 리오 그란데(Rio Grande) 강가로 주거를 옮겼다. 코치티(Cochiti)·산 펠리페(San Felipe)·산 일데폰소(San Ildefonso)·산타 클라라(Santa Clara)·산토 도밍

1. 암벽 주거지로 올라가는 사다리
2. 암벽에 덧대어 집을 지은 흔적
3. 가까이에서 본 암벽 주거지
4. 암벽 주거지에서 채취해온 나무 열매들을 식량으로 가공하는 여인
5. 암벽 아래쪽 지상에 남아 있는 주거지 터

고(Santo Domingo) 등이 그들의 새로운 주거지역이었다.

그 후로 4백여 년 간 이 땅에는 사람들이 없었으며, 설상가상으로 심한 가뭄까지 닥쳐오게 되었다. 역사에는 기록되지 않았으나, 이들의 구비전승(口碑傳承, oral tradition)에 의하면, 리오 그란데 강을 따라 남쪽과 동쪽에 위치한 코치티 푸에블로와 산 일데폰소 푸에블로가 프리욜레 캐넌에 집을 짓고 살던 이들의 가장 가깝거나 직접적인 후손들로 보인다고 한다.

비지터 센터에는 박물관과 함께 이들의 생활사를 보여주는 다큐멘터리 영화관이 있었다. 거기서 확인하게 된 흥미로운 사실들 중의 하나는 이들이 구비전승을 통해 조상들과 연결했고, 그에 의존하여 삶의 지혜를 얻거나 적응해 나왔다는 점이다. 푸에블로의 구비전승은 자신들의 믿음 · 이야기 · 노래 · 춤 · 생활 속의 기술 등 모든 것을 포괄한, '옛날과 현재의 대화' 즉 E.H. 카아(Carr)의 말대로 '역사'였다. 따라서 구비전승은 선대 푸에블로의 생존에 기본적인 텍스트였고, 오늘날에도 푸에블로로 하여금 그들의 정체성을 유지해 나갈 수 있게 하는 필수적인 지식의 창고라 할 수 있었다. 그래서 푸에블로의 이야기들에는 그들의 활동이 묘사되어 있기도 하고 교훈이 기록되어 있기도 하여, 대대로 그것을 가르쳐 왔음은 물론 그 안에 들어 있는 생생한 정보들을 공유하기도 했다. 대부분 구비로 전승되어 왔지만, 개중에는 그림, 암각화, 혹은 춤으로 묘사되기도 한 모양이었다. 내가 그들의 주거지 주변에서 목격한 암각화도 그 사례들 가운데 하나였다.

1,700년대 중반 스페인 정부가 불하해준 땅을 소유한 스페인 정착자들은 프리욜레 캐넌(Frijoles Canyon)에 자신들의 주거지를 만들었고, 1880년 코치티 푸에블로의 호세 몬토야(Jose Montoya)는 고고학자 반델리어(Adolph F. A. Bandelier, 1840. 8. 6.~1914. 3. 18.)를 프리욜레 캐넌으로 데리고 가 조상들이 살던 고향 땅을 보여주었다. 반델리어가 이 지역을 연구하기 시작한 것도 그 때부터였다. 반델리어는 스위스 베른 출신의 미국 고고학자인데, 그의 이름을 따서 이 유

적지의 명칭으로 삼았을 정도로 이 지역에 정통한 전문가였다. 그는 젊은 시절 미국으로 이주하여 노동을 하며 힘들게 살았다. 당시 뛰어난 인류학자 모건 (Lewis Henry Morgan)의 지도 아래 그는 미국 남서부, 멕시코, 남아메리카 등지의 미국 원주민들을 연구하게 되었다. 그는 멕시코의 소노라(Sonora) · 애리조나 · 뉴멕시코 등지에서 연구를 시작하여, 이 지역 연구를 선도하는 권위자가 되었고, 쿠싱(F. H. Cushing) 및 그의 후계자들과 함께 선사 문화 분야의 선구적인 학자가 되기도 했다. 그의 이름을 딴 곳이 바로 이 구역이었다.

1916년 '반델리어 국립 유적지 법령'이 만들어지고 윌슨(Woodrow Wilson) 대통령이 서명했으며, 1925년에는 에벌린 프라이(Evelyn Frey)와 그의 남편 죠지 (George)가 이곳에 도착하여 1907년 애벗 판사(Judge Abbot)가 건립해온 '10 엘더스 랜취(the Ranch of the 10 Elders)'를 이어받게 되었고, 1934년과 1941년 사이에 '민간 자원 보존단(Civilian Conservation Corps)'의 노동자들이 프리욜레 캐넌에 만들어진 캠프에서 작업을 하는 등 최근까지의 노력으로 지금의 유적지는 모습을 갖추게 되었다고 한다.

***

'암벽 주거지'를 거쳐 내려오는 길은 지난여름 이 일대를 휩쓸었던 것으로 보이는 홍수의 현장이었고, 근년에 일어나 아름드리 소나무들을 태워버린 무서운 자연 화재의 현장이기도 했다. 무수한 나이테들을 몸에 새기고 벌렁 누워 있거나 아직 청청하게 버티는 소나무들은 그 옛날 이곳에서 살다 간 푸에블로 인들의 역사를 생생하게 기억하고 있을 것이다. 아무도 접근할 수 없는 이 계곡에서 먹고 자고 사랑하며 생존의 나날을 버텨내던 푸에블로 인들은 벌써 오래 전에 이 계곡을 떠나고 없었다. 그러나 리오 그란데 강줄기를 따라 새로운 터전들을 일군 그들은 변함없이 옛날이야기들 속에 숨어 있는 조상들의 지혜를 이어가며 오늘과 내일을 살아가고 있는 중이었다. 마음속에서 메아리치는 프리욜레 계곡의 거센 냇물 소리를 기억하며…

부드러운 어도비, 완강한 '타오 푸에블로' 인디언들

반델리어 유적지가 자리 잡은 프리욜레 계곡을 벗어난 시각이 오후 4시에 가까워져 있었다. 뉴멕시코를 벗어나기로 한 애당초 계획을 버리고 별 수 없이 로스 알라모스의 한 부분인 화이트 락(White Rock)에서 1박을 하며 반델리어의 감동을 정리하기로 했다. 창밖으로 산타페 산맥의 연봉들이 아스라이 보이는, 아름다운 호텔이었다. 다음날 호텔에서 챙겨주는 아침을 먹은 다음 프런트의 아가씨에게 일기예보와 '타오(Taos) 행'에 관해 물었다. 눈 올 확률은 20%. 그러나 타오는 반드시 들러 가야 할 곳이라고 '강추'했다. 에라, 모르겠다. 눈이 쌓이면 며칠 묵어가지. 앞으로 언제 이곳에 또 올 것이냐. 그래서 산타페 쪽으로 다시 돌아가 I-40을 타는 대신, 그 반대편에 있는 타오를 향해 떠나기로 했다. 푸에블로 인들이 대대로 살아왔고, 지금도 살고 있는 타오의 집단 거주지를 육안으로 확인하고 싶었던 것이다.

화이트 락에서 타오 가는 길은 지금까지의 어떤 구간보다 아름다웠다. 겉으로 낙후되어 보이긴 했으나 연도의 촌락들도 모두 평화로웠고, 황량한 산하는 그 나름의 정제된 미학을 갖추고 있었다. 군데군데 퇴락한 도회들도 없는 건 아니었으나, 그것들이 갖고 있는 역사성은 내 호기심을 자극하기에 충분했다. 멋지게 뻗은 502번 도로로 화이트 락의 호텔을 출발하여 잠시 가다가 30번으로 갈아탔고, 에스파뇰라(Española) 턴파이크에서 68번으로 갈아탄 다음 두 시간 넘게 걸려 타오에 도착했다.

달리는 중간 중간 탄성이 절로 나올 정도의 경관들을 만나면서 우리는 발걸음을 주춤거리기도 했다. 예컨대, 아리바 카운티(Arriba County)를 지날 때 길가에서 녹슨 간판을 보고 찾아 들어간 작은 도시 벨라르데(Velarde)에서 과달루페 성모가 모셔진 작은 성당 '과달루페 성모 교회(Iglesia de la Virgen de Guadalupe Mission Church)'를 만난 기억은 오래도록 잊히지 않을 것이다. 집도 몇 채 되지

타오의 '아씨시의 성 프란치스코 성당'

않는 한적한 시골 동네 한 구석에 얌전히 앉아 있는 그 성당은 참으로 정결하고 가난해 보였다. 작은 나라에서 대형 교회들만 보아오던 내 눈에 큰 나라의 작은 교회가 주는 감동은 작지 않았다. 그런 감동을 안고 다시 먼 길을 달려 해발 2,124m의 높은 지역에 위치해 있는 면적 13.9 ㎢의 소도시 타오에 진입하게 되었다.

멀리 타오 마운틴이 서 있고, 그 앞으로 시가지가 비교적 널찍이 자리 잡고 있었다. 길은 좁았으나, 도시를 채우고 있는 어도비 양식의 집들은 따스해 보였다. 무엇보다 성당과 교회 및 공공건물들 대부분이 어도비 양식인 점이 좋았다. 번쩍이는 빌딩 식 교회들보다는 어도비의 그 따스함 속에 구원의 손길이 깃들 것만 같았다. 우리의 최종 목적지인 '타오 푸에블로(Taos Pueblo)'까지는 타오 신도시(Modern City of Taos)에서 북쪽으로 1마일이나 더 가야 하는데, 도시에 들어가자마자 어도비 양식으로 지어진 '아씨시의 성 프란치스코 성당(St. Francisco de Asísi Church)'이 매혹적인 자태로 서 있는 게 아닌가. 안 들를 수 없는 일. 앞쪽으로 가보니 말문이 막히도록 아름다운 건축미가 돋보였다. 이 지역의 교회들을 들르면서 느끼는 것은 종교적인 경건함보다는 건축미가 먼저 마음을 흔든다는 점이었다. 교회 문을 살짝 밀고 들어서니 누가 죽었는지 장례미사가 집전되고 있었다. 경건하고 슬픈 분위기를 해칠까 저어되어 살그머니 되돌아 나왔으나, 아름다운 교회의 모습은 자꾸만 우리의 발걸음을 지척이게 하였다. 거기서 몇 블록을 전진하자 이번에는 어도비 양식의 장로교회와 침례교회 등이 참한 모습으로 서 있었다. 비록 문은 잠겨 있었으나, 외양을 감싼 고즈넉한 분위기가 세상의 번잡함을 정화시키고 있는 듯 했다. 역시 그곳의 자연환경과 일치되는 분위기의 교회가 사람들에게 구원의 희망을 쉽게 줄 수도 있겠다는 생각이 들었다. 교회 전체에서 풍겨나는 따스한 느낌 때문인가 이 지역의 교회를 볼 때마다 그대로 문을 열고 들어가 폭 안기고 싶은 마음이 드는 것이었다. 생소한 모습으로 번쩍이는 교회로부터 구원의 희망을 찾기란 어려운 일임을 비로소 깨닫게 되었다.

주변에 널린 갖가지 유혹들을 물리치고 가까스로 도착한 곳이 타오 푸에블로. 타오 마운틴을 뒤로 하고 먼지 풀풀 이는 벌판에 그득하니 서 있는 어도비 양식의 집단 거주지였다. 밝고 따스한 주택의 색깔이 주변의 붉은 흙빛, 뒤에 버티고 선 타오 산의 푸른빛, 마을을 뚫고 흐르는 리오 그란데 강의 옥색 물빛 등과 절묘한 하모니를 이루고 있었다.

출입문을 통해서 들어가니 단층도 있고, 복층의 경우 5층까지 올라간 건물들도 있었다. 하나로 되어 있는 외벽 안쪽에 각자의 집들이 조합된 건축방식으로 이루어 진 것이 기본구조였다. 이 공동체에는 1,900명 이상의 푸에블로 인들이 속해 있는데, 그들 중 일부는 근처에 현대식 집을 짓고 살다가 시원해지면 푸에블로의 자기 집에 머물기도 한다는 것이었다. 그리고 일 년 내내 그곳에서 지내는 사람들도 대략 150명 정도 된다고 했다.

타오 푸에블로의 집단 거주가옥들

타오 푸에블로의 주택 앞에 마련된
'빵 굽는 화덕'

타오 푸에블로는 세계적으로 중요한 역사 문화 유적으로서, 1992년 유네스코 세계 문화유산에 등재된 곳이었다. 집들의 외양, 사람들이 오르내리는 사다리들과 집 앞의 빵 화덕들은 스카이시티나 마찬가지였다. 사철 물이 흘러내리는 냇물을 보니, 그들이 이곳에 자리 잡은 이유를 알 것 같았다. 주거지는 냇물을 경계로 나뉘어 있었으며, 왼쪽 주거지의 중심부엔 멋지게 지어진 가톨릭 교회도 있었다. 앞에서 누차 언급했지만, 이들이 자신들의 전통신앙을 거의 포기하고 가톨릭을 받아들인 점은 참으로 놀라운 일이었다. 스페인에 의해 식민 지배를 받은 결과라고 보지만, 신교 보다 가톨릭 쪽이 자신들의 전통신앙이나 가치관을 더 용인해준다고 생각한 것인지도 모르는 일이었다. 그러면서도 이들은 여러 면에서 폐쇄적이었다. 가옥의 내부는 전혀 공개하지 않을 뿐 아니라, 함께 사진 찍는 일도 거부하는 경우가 많았다. 집 앞 화덕에서 구운 빵을 판다고 하여 들어가 보았으나, 페치카에 장작 한 올 겨우 넣고 간신히 추위를 참고 있던 할머니는 아예 카메라에 손도 대지 못하게 했다. 끝까지 지키고 싶은 자신들만의 세계라도 있는 듯, 이들의 구역에 들어가면 오금이 저릴 정도로 경계의 눈빛을 쏘아대는 그들이었다.

이들이 살아왔고, 앞으로도 쭉 살아갈 것 같은 그들만의 주거지를 간신히 돌아본 다음, 우리는 타오 외곽으로 리오 그란데의 강줄기를 찾아 차를 돌렸다.

주거지를 좌우로 나누는 리오 그란데 강 상류

30분 정도 황야를 달렸을까. 엄청난 규모와 높이의 다리 '리오 그란데 죠지 대교(Rio Grande George Bridge)'를 만났다. 저려오는 오금을 달래며 다리 한복판까지 걸어갔다. 비행기 창문으로 땅바닥을 내려다보듯 갑자기 고소공포증이 밀려들었다. 멀리 광활한 대지를 바라보고 나서야 이 다리가 없던 시절엔 타오가 강과 산으로 둘러싸인 고립지였음을 깨닫게 되었다. 그렇다면 그들은 왜 이런 고립지에 주거지를 건설하고 살았을까. 아마도 외부와 단절된 곳에 주거지를 건설하는 것이 자신들의 정체성을 지킬 수 있는 유일한 방법이라고 보았기 때문이리라. 지역들이 사통팔달로 이어지는 오늘날 그들이 외부인들과의 접촉을 꺼려하는 것도 그런 전통적인 삶의 방식에서 나온 본능적 반응일 것이다.

***

대략 1천년이 넘는 역사를 갖고 있는 타오 푸에블로는 뉴멕시코 북쪽의 여덟 개 푸에블로들 가운데 하나로서, 가장 비밀스럽고 보수적이며 사적인 영역을 많이 갖고 있는 부족이었다. 서기 1,000년부터 1,450년 사이에 세워져 미국에서 가장 오래된 거주 공동체인 타오 푸에블로. 그곳에서 우리는 화석처럼 살아가는 그들을 만났다. 외부세계와 단절되고 싶긴 하지만, 적빈(赤貧)을 해결하기 위해 외부인들의 접근을 허락할 수밖에 없었고, 그러다 보니 그들과 섞일 수밖에 없었던 것이 그들의 현실이었다. 아직도 지킬 만한 것이 있다고 믿는 그들이었지만, 외부인들로서는 그 점을 용납할 수 없는 현실이 안쓰럽게 생각되었다. 그래도, 이렇게 속물화되어가고 있는 시대에 조상들로부터 이어받은 자신들의 원래 모습을 지키려는 그들의 모습이 얼마나 훌륭한가?

타오 푸에블로 인들의 고집스런 표정을 대충 마음에 담아둔 채 우리는 뉴멕시코를 재빨리 벗어날 지름길 '엔젤 마운틴'의 산길로 접어들었다.

미국의 길, 66번 도로와의 만남

미국의 길, 66번 도로와의 만남

미국에서 길을 찾으며: 우리도 스토리가 있는 길을 한 번 만들어 봅시다!

윤도현의 노래 〈길〉을 가끔 듣는다. 행복한 사람도 상처를 입은 사람도 살아 있는 이상 걸어가야 한다는 것이 노래 속의 길이다. 길을 말하다가 '너에 대한 사랑'으로 끝맺는 윤도현의 노래가 좀 낯설긴 하지만. 누군가 먼 길을 가다가 문득 곁에서 함께 걷고 있는 길동무로서의 '너'를 발견했을 것이다. 혹은 '너'를 통해 '함께 걸어가야 할' 길을 예감했거나 '함께 해야 할' 운명을 깨달은 건 아닐까. 그래서 윤도현의 '길'은 '너'와 함께 함으로써 '운명적 사랑'이 구현되는 공간으로 해석될 수 있으리라.

그렇다면 길에 시작이 있고 끝이 있는가. 아니다. 시작만 있고 끝이 없는 것이 길이다. 그러나 엄밀히 말하면, 시작도 없다. 시작이 있고 끝이 있다면, 그건 길이 아니다. 언젠가 시작되었겠지만, 그저 까마득한 옛날부터 이어져 오는 것이 길이고, 끝 간 데 없이 뻗어가는 것이 길이다. 잘 찾아간 것으로 여겼지만, 곰곰 생각하면 잘 찾아간 길이 아닌 경우가 전부다. 그래서 다시 출발점을 찾지만, 그 찾으려는 출발점도 마치 끝인 양 잘 찾아지지 않는 것이 길이다.

어떤 사람들은 길이 '길다'의 형용사와 관계가 깊은 명사라 한다. 옛 사람들은

'리'나 '마장'으로 그 길이를 가늠해왔고 현대인들은 km나 mile로 그 길이를 재고 있지만, 그건 그냥 인간의 짧은 인식이 만들어놓은 편리한 단위일 뿐이다. 끝인 것 같은 곳에서 다시 시작되는 것이 길인데, 그 길을 누가 어떻게 잴 수 있단 말인가. 길을 찾다 보면 시작과 끝이 사라져 버리는 것을 누구나 경험하지 않는가.

누군가 인생을 '나그네 길'이라 했다. 시작도 끝도 없이, 한시도 쉼 없이 걸어야 하는 길이 인생이기 때문이다. 휴게소에 들러 잠시 쉬면서도 갈 길을 걱정해야 하고, 다 왔다고 안도의 한숨을 내쉬다가도 다시 돌아갈 길을 걱정하는 것이 인생이다. 그래서 갈 길과 돌아오는 길은 한 치도 끊어지지 않는 '연속'일 뿐이다. 사람들은 그걸 찾아 이곳저곳 돌아다닌다. 인생의 험한 길을 걸어가면서도, 그 사이에 부지런히 '올레길'을 찾고 '둘레길'을 찾으며 '골목길'을 헤맨다.

'길 아니면 가지 말라'고 했지만, 사람이 가면 길이 되고 길을 내면 사람이 다닌다. 그래서 인간 세상에 길 없는 곳이 있을 수 없다. 사람들은 '옳은 길'과 '그른 길'을 구분하지만, 옳고 그름의 기준이 절대적인 것은 아니다. 또 어떤 길이 옳았는지는 긴 시간이 흐른 다음에야 판단할 수 있다고 하지만, 그 긴 시간의 기준도 명확한 것은 아니다. 그래서 예로부터 사람들은 길을 찾아왔으나 제대로 찾은 사람은 많지 않고, '올바른 길'을 통해 삶이 완성된다고 믿고 있지만, 그 '올바른 길'이 어디에 있는지 아는 사람도 별로 없다. 길을 찾으러 길을 나서기가 두려워지는 것도 그 때문이다. 그래서 눈에 보이고, 발로 밟을 수 있는 물리적 공간으로서의 길이나 찾아다니며 맛볼 따름이다.

미국에 체류하면서 휴일이나 휴가에는 반드시 길을 나섰다. 남한 면적의 두 배가 넘는 오클라호마 주는 미국 역사의 양지와 음지를 모두 갖고 있었다. 그 가운데 내가 크게 관심을 갖게 된 부분은 음지에 속하는 아메리카 인디언의 역사와 문화다. '식민주의'가 백인들의 원죄라면, 그 원죄의 역사적 표본을 이곳에 만들어 놓은 그들의 진의는 무엇이었을까. 자신들의 새로운 삶터를 건설하기 위해 인디언들을 고향에서 쫓아낸 백인들. 자신들의 본거지에서 쫓겨나 '눈물의 여정'이

오클라호마에는 어딜 가도 이런 길들이 끝없이 뻗어있다!

란 쓰라림을 맛보며 오클라호마의 한 구석에 강제로 정착당한 인디언들. 그들 두 부류의 인간들은 오늘날 무슨 생각으로 살아가고 있는 것일까.

그런데 그들을 만나러 가는 길이 쉽지 않았다. 그 그늘을 확인하기 위해 토요일과 일요일은 물론 각종 휴가나 방학 등을 활용하지만, 길이 너무 멀어서 쉽지 않았다. 그래도 쉬지 않고 다닌 편이다. 그 이유의 상당 부분은 길의 매력에 있었다. 사는 곳과 가려는 곳이 엄청난 거리를 두고 떨어져 있었지만, 그 연결고리로서의 길은 또 다른 가치와 의미를 지닌 공간이기 때문이다.

다른 어느 나라보다 미국의 길들은 넓고 곧았다. 특히 가도 가도 산이 보이지 않는 오클라호마의 길은 약간의 과장을 보탠다면 솜씨 좋은 장인이 대지에 그은 미학적 직선처럼 보였다. 그저 자를 대고 종이 위에 쭉 긋는 선이 미학이나 철학을 갖기란 어렵다. 그러나 최소한 대지의 핏줄을 타고 심장을 직격(直擊)하는 선은 생명이나 미학, 혹은 철학과 직결된다. 그 생명성을 느끼게 하는 직선의 미학이 이곳 길들에는 내포되어 있다는 것이 내 생각이었다. 한동안 내가 천착해온 '66번 도로'와는 다른 차원의 의미가 직선으로 쭉 뻗은 오클라호마 주의 길들에는 들어 있었다. '땅이 넓으니 그런 것 아닌가'라고 항변할 수 있겠는데, 사실은 그 이유가 가장 클 것이다. 다만 나는 이미 나 있는 길들의 해석적 의미, 혹은 내 나름의 생각이나 느낌을 강조했을 따름이다. 그 길들에 생명을 불어넣는 가장 큰 요소는 인공과 자연의 '자연스러운 어울림'이었다. 길을 따라 형성된 도시나 주택 등 인공의 구조물들은 철저히 자연의 질서와 호흡을 함께 하는데, 그 점이 그 '자연스러움'을 해치지 않는 요인이었다. 땅 넓이에 비해 사람 숫자가 턱 없이 적으니, 굳이 자연의 질서를 거스를 필요가 없었던 것도 사실이다. 그래서 미국 아니라 어떤 나라라도 이런 도로들을 갖고 있다면, 나는 그들을 부러워했을 것이다.

6개월 가까운 기간 유럽을 자동차로 여행하면서 길의 아름다움에 반한 적이 있었다. 자동차를 몰아 스위스의 산하를 건너고 오르내릴 때의 짜릿한 흥분을 잊을 수 없다. 하늘로 솟구쳤다가 바다 밑으로 잠기는 듯한 충격을 스위스에서 운전하는 동안 느꼈기 때문이다. 동쪽의 바리 항에서 서쪽의 나폴리까지 이탈리아를 횡단하면서 느낀 평화로움과, 이탈리아에서 프랑스 남부로 가기 위해 몽블랑 산맥의 터널을 넘으면서 느꼈던 혼돈과 재생의 희열을 그 후 어디서도 느껴보지 못했다. 프랑스 중남부를 거미줄처럼 연결하는 하이웨이와 독일 로만틱 가도(Romantische Straße)를 달릴 때의 편안함과 드라이버로서의 자긍심을 그 후 다시 느껴본 적이 없다. 동유럽 루마니아를 종단하면서 열악한 도로사정과 그들의 험한 운전 관습 때문에 흘린 땀과 긴장감을 그 후 어디에서도 다시 체험하지 못했다.

15년 전 LA에 머물 때 간헐적으로 미국 안에서의 장거리 운전을 경험한 적이 있었다. 아직도 그 때 달리던 캘리포니아 서부의 1번이나 101번 해안도로를 잊지 못한다. 캘리포니아와 워싱턴 주를 거쳐 캐나다 로키산맥을 종단할 때의 그 '천상에 오른 듯하던' 기분도 잊지 못한다. 미국 서부지역 사막지대의 가물가물한 지평선을 바라보며 달리다가 난데없는 폭우와 천둥 번개를 만나 흔들

목초지 위에서 소들과 오일펌프가 공존하는 광경

거리던 차 안에서의 말 못할 두려움 또한 잊지 못한다. 그러나 무엇보다 한시도 잊을 수 없고 피할 수 없는 것은 우리나라의 길과 운전자들이다. 땅은 좁은데, 사람도, 차도 많아 참으로 운전하기 어렵다. 시간은 없는데 도로가 막히면 짜증이 난다. 교통신호나 법규를 지키려다간 바보 취급당하기 일쑤다. 규정 속도를 지키려다간 뒤차 운전자에게 모진 욕설이나 듣기 십상이다. 그래서 우리나라 운전자들은 '집단 스트레스'에 걸려 있다고들 말한다. 그래서 평소에 점잖고 존경받는 사람도 일단 핸들만 잡으면 매우 거칠어지는 것이 우리나라라고들 말한다. 우리나라 운전자들은 누구나 세계 어딜 가도 최고의 운전 실력을 발휘할 수 있다고 말하는 것도 그 때문일 것이다. 끼어들기 천재, 앞지르기 천재, 신호위반 천재, 차선 안 지키기 천재, 경적 심하게 울리고 라이트 번쩍거리기 천재, 창유리 내리고 욕설 퍼붓기 천재 등등. 우리나라 사람들은 목숨을 건 곡예운전의 달인들이라고 한다. 그래서 하루에도 몇 번씩이나 '내가 운전을 그만 두어야 그나마 제 명대로 살지!'라는 생각을 갖게 되는 것도 사실이다.

***

미국에서는 길, 특히 오클라호마 주와 같은 전원지역의 길들 덕분에 행복해진다. 야산 하나 보이지 않는 드넓은 들판 사이를 달리다 보면, 가슴이 뻥 뚫리고 휘파람이 저절로 불어진다. 길 좌우에는 목장이 이어지고, 한가로이 풀을 뜯는 검정 소들이 가끔 고개를 들어 달려가는 우리를 물끄러미 쳐다보기도 한다. 목초지에서 베어낸 풀들을 말아놓은 건초뭉치들도 흡사 십대 남자 아이 얼굴의 여드름처럼 아름답게 돋아 있다.

그 뿐 아니다. 땅 속에서 원유를 퍼내는 검은 색 오일펌프들이 도처에 널려 있고, 그것들은 흡사 사마귀처럼 끄덕거리며 원유를 길어 올린다. 흡사 까치집처럼 생긴 겨우살이들이 다닥다닥 붙은 교목들이 길 좌우에 즐비하고, 다운타운을 벗어난 도시 외곽의 나무숲에는 멋지게 지은 집들이 간간이 모습을 드러내기도 한다. 마을마다 하얀색의 교회들이 하늘 높이 첨탑을 올린 채 서서 마을의 역사를 대변한다. 그리고 이것들이 합쳐져 흥미로운 서사구조들을 만들어내고 끊임없이 이야기들을 이어간다. 그래서 길은 단순히 지나가는 통로가 아니고, 각종 사건을 재료로 이야기가 만들어지는 발효의 공간이다. 그래서 나는 길을 사랑하고 길 위에서 무언가를 찾아내고자 애쓴다. 우리는 전통적으로 '역마살'을 부정적으로 보지만, 글로벌 시대에 누군들 역마살을 피해갈 수 있으랴. 그리고 어쩌면 역마살이 낀 대부분의 사람들은 '길의 매력에 심취한' 사람들일 것이다. 역마살이 끼었대도 좋으니, 의미를 찾아 방황할만한 좋은 길이 많아졌으면 좋겠다.

작은 일탈을 꿈꾸는 66번 도로(Route 66), 그 낭만과 허구

손 형,

참 오랜만입니다. 그간 본의 아니게 격조했었군요. 오늘은 형께 모처럼 '길 이야기'를 건네 볼까 합니다. 뜬금없이 웬 길 이야기를 하느냐고 타박하지 말아 주세요. 우리가 작은 발과 짧은 다리를 움직여 꼬박꼬박 넘어 다니던 그 옛날의 시골길이 생각나시나요? 고갯길, 원둑길, 논둑길, 고샅길, 신작로 등 갖가지 길들이 이어져 우리의 시골길을 이루고 있었지요. 형, 혹시 박목월의 시 「나그네」를 기억하시는지요? 함께 감상해 보실까요?

　　　　강나루 건너서
　　　　밀밭 길을
　　　　구름에 달 가듯이
　　　　가는 나그네
　　　　길은 외줄기
　　　　남도 삼백 리
　　　　술 익는 마을마다
　　　　타는 저녁 놀
　　　　구름에 달 가듯이
　　　　가는 나그네

　이 시 속의 '나그네'가 단순한 길손은 아니겠지요. 아마도 그는 어떤 복잡한 사연을 갖고 길을 떠난 게 분명하군요. 물론 무작정 길을 떠났을 수도 있겠지요. 그러나 달처럼 미끄러지듯 '남쪽을 향해' 흐트러짐 없이 가고 있는 모양으로 보아 속으로는 어떤 목적과 사연이 있을 겁니다. 그가 가고 있는 길 또한 단순한 '도로'가 아니겠지요. 그래서 시인도 '남쪽지방으로 삼백 리나 벋어 있는 외줄기 길'을 말했을 겁니다. 그 '기~인' 길에는 온갖 사연들이 스며들어 있었겠지요. '사랑, 미움, 믿음, 배신, 약속' 등등 몇몇 코드로 요약되는 복합적 인간사가 이 길바닥에는 깔려 있을 겁니다. 길목 마다 조롱박처럼 매달려 있는 주막에는 늘 술이 익어가고, 그런 술독을 중심으로 전개되는 인간사가 좀 복잡한가요? 얼굴 반반하고 몸매 고운 주모라도 있는 경우라면 더 복잡해지겠지요. 고속도로와 철길이 생기면서 옛길은 사라졌지만, 우리의 목월 선생은 그 옛길을 잘도 찾아내서 우리에게 힌트로 던져 주신 것이지요.
　우리에게도 '삼백 리나 되는 남쪽 길'이 있었다는 걸 알려 주려는 노 시인의 마음 씀씀이가 제겐 감동 그 자체입니다. 아마도 '서울에서 저 전라남도 혹은

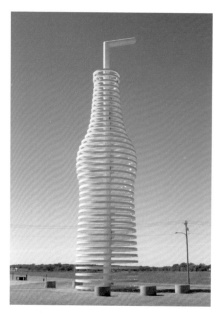

66번 도로 아카디아(Arcadia) 근처에서
발견한 길가 레스토랑 POPS의 상징 조형물

경상남도 바닷가 어디쯤까지 이어지는 '길'이었겠지요. 그걸 찾아내어 복원하라는 것이 목월 선생의 묵시(默示) 아니겠는지요?

요즘 제주도에서 시작한 '올레길'이 뜨면서 그와 유사한 '둘레길'도 나타난 모양입디다만, 숲이 있는 곳이면 마구잡이로 파헤쳐 길을 만들어 놓고는 사람들을 유인하는 모습이 그리 아름다워 보이지는 않습디다. 말하자면 요새 만들어지는 길은 '스토리 혹은 히스토리'가 없는 무미건조한 공간일 뿐이지요. 걷는 자들이 무언가를 갖고 가지 않으면 아무것도 얻을 수 없는 '물리적인 길'이라는 점에서, 그것들은 목월 선생이 발견하신 '남도 삼백 리'와는 비교도 될 수 없지요.

이곳에 와서 지낸 몇 달 동안 여러 가지를 목격했습니다만, 가장 가슴 뛰는 일은 '66번 길'을 발견한 일입니다. 처음엔 그저 대수롭지 않게 생각했지요. '참 할 일 없는 미국인들'이라고 빈정거리면서 말이지요. '넓은 땅덩어리에 필요하면 길을 뚫고, 그 길이 불편하면 뭉개버리고 새 길이나 다른 길을 뚫는 게 예사이지, 그 무슨 길을 가지고 이리도 호들갑을 떠는가?' 라고 생각했지요. 그런데 한 번 두 번 지나다니면서 이게 예사 길이 아니라는 점, 길이란 그저 다니는 것만으로 소임을 다하는 단순 공간이 아니라는 점을 깨닫게 되었지요.

다니면서 적지 않은 걸 경험하게 되었어요. 예를 들어 에드몬드 시티(Edmond City) 근처의 아카디아(Arcadia)에서 발견한 길가 레스토랑 팝스(Pops)를 한 번 볼까요? 66번 도로를 달리다가 멀리 앞을 바라보니 '빨대 꽂은 음료수 병' 하나가 우뚝 서 있는 게 아니겠어요? 지나면서 보니 주유소였는데, 미국에는 주유소에서 음식도 팔고 물건도 팔지 않아요? 주유소라면 그 흔한 이른바 '폴 사인(pole sign)'을 세워 놓든가 영 뭣하면 주유기 표시라도 세워 놓을 것이지 대체 '빨대 꽂은 음료수 병'을 세워 놓은 건 참으로 '요상'했어요.

그래서 우리는 그 다음번에 작정하고 이 주유소에 들어가 보았지요. 과연 레스토랑의 유리창이나 벽에는 온갖 음료수 병들로 또 한 겹을 이루고 있습디다. 사람들은 음식을 주문해 놓고 벽 쪽으로 가서 마음에 드는 걸 하나씩 들고 오는 거지요. 그리고 보니 밖에 서 있는 거대한 병 모양의 조형물은 바로 이 음료수 병들을 바탕으로 디자인한 것이더군요 글쎄.

종업원을 통해 알아본 바에 의하면, 여기에도 내력이 있더군요. 이게 바로 체사피크 에너지(Chesapeake Energy)라고, 미국에서 두 번째로 큰 천연가스 생산 회사이자 원유와 액화천연가스의 11번째 큰 생산회사로서 오클라호마 시티에 본부를 두고 있는 그 회사의 CEO 오브리 맥클레돈(Aubrey McCledon)이 아이디어를 내고, 건축가 랜드 엘리엇(Rand Elliot)이 디자인한 것이라네요. 2007년 여름에 문을 연 뒤 급속하게 66번 도로 관광의 매력 포인트로 부상했다는군요. 66번 도로 주변을 돋보이게 하는 66피트 높이의 소다 병이 바로 이것이지요. 그리고 이 POPS는 주유소 편의점 안에 비치되어 있는 수백 종의 소다 향들과 각종 브랜드들을 자랑하고 있지요. 이 뿐 아니라 이 편의점과 함께 각종 버거, 소다, 세이크 등 다양한 식당 음식들도 갖추어져 있구요. 여기서 우리는 66번 도로가 살아날 수밖에 없는 원인을 발견할 수 있었지요. '이미 존재하는 66번 도로', 이 도로에 대한 사람들의 애정, 그리고 그들의 톡톡 튀는 아이디어가 바로 66번 도로를 살려 낸 힘의 원천이었어요.

예를 하나 더 들어 볼까요? 이 주유소에서 멋진 음료수 하나를 골라 목을 축인 다음 다시 길에 올랐지요. 한참을 가다가 루터(Luther)라는 지역의 경계에 들어오자마자 길가에서 주차장인지 마구간인지 버려진 폐가인지 언뜻 분간이 가지 않는 허름한 건물 하나를 발견했어요. 차를 세우고 보니, '66번 도로의 경

66번 도로변에서 만난 The Boundary Restaurant

계선 레스토랑(The Boundary Restaurant on Route 66)'이란 멋진 이름의 식당이었어요. 버려진 길가 건물을 외부는 그냥 두고 내부만 수리하여 레스토랑으로 개업한 경우였지요. 내가 보기에 내부는 온갖 앤틱 풍의 재료들로 덕지덕지 혼란스러웠지만, 미국인들의 성향을 잘 반영하고 있더군요.

바비큐, 핫독, 소세지 등을 팔고 있는 그 집 음식의 맛은 그저 그랬지만, 중동계 이민의 후예로 자신을 소개한 주인은 자신의 요리와 식당의 인테리어에 대한 자부심이 대단했어요. 식대가 만만치 않음에도 불구하고 손님들은 끊임없이 들어 왔지요. 그들이 만약 속도와 시간의 경제성에 충실한 현대인이었다면, 이 길로 접어들어 오지도 않았겠지요. 경제성에 충실한 사람들 사이에 살다보니 많이 피곤을 느낀 사람들이 옛날의 66번 도로를 찾아 여행을 하는 것이고, 입맛이나 분위기 또한 지난 시절의 그것을 추구하게 된 것이겠지요.

***

그런 분위기, 복고풍이랄까요? 실제 삶에서는 절대 옛날로 돌아갈 수 없는 것이 현대인의 일반적 성향 아니겠어요? 그런 현대인들이 가끔씩 자신의 공간 밖에서 '순간적인 일탈'을 꿈꾸는 것이고, 그런 일탈의 욕망이 66번 도로에 대한 향수로 표출되는 것이겠지요. 66번 도로를 복원시킨 사람들도 일반인들의 그런 심리를 간파한 것이겠고요. 그래서 이 길을 '현대인의 경제논리를 넘어서는(beyond economic logic of modern people)' '수퍼 하이웨이 66번 도로(Super Highway Route 66)'라고 부르고 싶은 것이 제 생각입니다.

엘크 시티(Elk City)와 '국립 66번 도로 박물관 단지(National Rt. 66 Museum Complex)'

손 형,

2,400마일에 달하는 66번 길은 일리노이 주의 시카고에서 시작하여 캘리포니아의 산타모니카까지 8개 주[일리노이(Illinois)−미주리(Missouri)−캔자스(Kansas)−오클라호마(Oklahoma)−텍사스(Texas)−뉴멕시코(New Mexico)−애리조나(Arizona)−캘리포니아(California)]에 걸쳐 있고 시간대도 세 개나 들어 있으니, 이 도로의 길이나 규모를 짐작할 수 있으시겠지요? 이 길이 주변 사람들의 생활양식에 큰 영향을 준 것은 말할 것도 없고 새로운 문화를 꽃피우게 함으로써 '미국의 간선도로(Main Street of America)', '미국 도로의 어머니(Mother Road of America)'라는 별명들까지 얻게 되었지요.

이 길은 숱한 질곡의 역사를 겪기도 한 것 같습니다. 길을 만들기 위해 전국 규모의 추진 기구를 만들어 각 주의 동의를 얻고, 길을 뚫어 포장을 하고, 각종 부대시설을 만드는 등 지극히 어렵고 복잡한 과정들을 거쳐 이 길은 태어난 것이지요. 그러나 산업과 교통의 발달에 따라 새로운 하이웨이가 뚫리고, 그것이 각 방면의 다른 길들과 연결되면서, 기존의 66번 도로는 버려지게 되었고, 그 도로를 중심으로 번성했던 도시들과 주민들도 마찬가지로 쇠락의 길을 걷게 되었겠지요.

그러나 언제부턴가 버려진 채로 죽어가던 66번 도로의 가치가 사람들의 눈에 띄게 되었지요. 자연스럽게 그 길은 새로운 모습으로 회생되었고, 주변의 도시들 역시 쇠락의 늪에서 빠져나와 다시 기지개를 켤 수 있게 된 것이지요.

버려졌던 66번 도로　　　　　'66번 도로의 아버지'로 불리는
　　　　　　　　　　　　　　애버리(Cyrus S. Avery)

경험하지 않아서 모르겠습니다만, 그 과정들은 매우 극적이었겠지요?

　66번 도로가 지나는 곳곳에 박물관이 세워져 있고, 여러 권의 책과 팸플릿들, 인터넷 사이트 등을 통해 이런 사연들이 자세히 실려 있으므로 그 사실을 이 자리에서 재론할 필요는 없을 겁니다. 어쨌든 애버리(Cyrus S. Avery)라는 사람이 AASHO(the American Association of State Highway Officials)의 회장이 되어 66번 도로를 완공했다 하여 그를 '66번 도로의 아버지(the Father of Route 66)'라 부르는 모양인데, 그가 오클라호마 주 털사 출신이라는 점은 66번 도로를 공유하는 다른 주들과 달리 오클라호마 주의 한복판을 대각선으로 정확하게 관통하고 있는 사실과 흥미로운 연관을 보여주는 것 같기도 하군요.

　사실 이 도로가 오클라호마 주와 일리노이 주만 중앙을 관통하고 있을 뿐, 나머지 주들의 경우 형식적으로 걸쳐 지났다는 것은 저 만의 느낌인지 모르겠네요. 미주리 주에서는 하단을 지났고, 캔자스 주는 살짝 건드리기만 하고 지났으며, 텍사스 주는 북부의 일부를 통과한 정도지요. 그나마 뉴멕시코와 애리조나가 북쪽으로 약간 치우치기는 했으나 관통한 경우로 볼 수 있고, 캘리포니아는 남쪽을 통과하여 산타모니카로 이어졌음을 확인할 수 있군요. 더구나 주도(州都)인 오클라호마시티를 통과하도록 설계되었다는 것은 매우 의미심장한 일이지요. 그는 어쩜 이 도로야말로 미래의 역사적 공간으로 영속될 수 있음을 깨달았고, 자신의 고향인 오클라호마 주에 긴 부분을 할당한 것이나 아닌 지 모르겠네요.

오클라호마 주 안에 배당된 66번 도로의 길이도 시기마다 약간씩 달라지는데요. 1926년의 추정 거리는 415.4 마일이었는데, 1936년에는 383.7 마일, 1944년에는 381.7 마일, 1951년에는 368 마일로 점점 줄어들었어요. 제

엘크 시티의 '66번 도로 박물관' 표지판

생각에는 아무래도 길을 고치거나 포장을 새로 하면서 굽은 길을 펴기도 하고 지름길을 찾아내면서 그렇게 된 것이나 아닌가 합니다만. 어쨌든 총 연장 2,400 마일의 8개 주 산술평균이 300 마일인데, 400 마일 가까이 차지했다는 것은 이 도로의 큰 몫을 오클라호마 주가 갖고 있었음을 의미한다고 볼 수 있겠군요.

이 도로가 지나는 오클라호마 주의 큰 도시들만 헤아려 보아도 열 개가 넘어요. 아래쪽부터 꼽는다면, 에릭(Erick)-세이어(Sayre)-엘크(Elk)-클린턴 (Clinton)-웨더포드(Weatherford)-엘 르노(El Reno)-오클라호마시티(Oklahoma City)-아카디아(Arcadia)-챈들러(Chandler)-스트라우드(Stroud)-새펄파 (Sapulpa)-털사(Tulsa)-클레어모어(Claremore)-빈타(Vinta)-마이애미(Miami) 등 으로 연결되지요. 물론 이 도시들 사이사이에 촘촘히 박혀 있는 작은 도시들까지 포함하면 이 도로에 연결된 도시들은 무수하지요.

글쎄요. 우리는 이들 가운데 몇 군데나 둘러보았을까요? 맨 처음 오클라호마시티와 아카디아를 들렀고, 그 다음 털사와 유콘, 그리고 최근 엘크 시티와 클린턴을 들렀네요. 사실 오클라호마시티를 다녀오는 길이면 특별한 일이 없을 경우 66번 도로를 탔다가 177번을 만나 스틸워터로 방향을 틀곤 했으니, 66 번 도로는 우리에게 꽤 낯이 익다고 할 수 있을까요? '몇 군데도 못 돌아 본 주

제에 무슨 66번 도로를 말하려 하느냐?고 책망하신다면, 드릴 말씀은 없습니다만. 어디 한 솥의 국물을 다 마셔야 국 맛을 알 수 있는 건 아니잖아요? 그래서 이 글을 쓸 용기를 내게 된 겁니다.

제가 이미 둘러 본 아카디아의 라운드 반(Arcadia Round Barn), 털사(Tulsa)의 길크리스 박물관(Gilcrease Museum), 유콘(Yukon City)의 유콘 역사박물관(Yukon Historical Museum) 등이 갖는 의미나 느낌들은 이 글 다음에 차례로 올리도록 하지요.

엊그제 우리는 텍사스의 달라스(Dallas)에 갔다가 돌아오는 길에 다시 66번 도로를 통과하게 되었지요. 달라스로부터 포트워쓰(FortWorth)를 경유하여 오클라호마 주 66번 도로 상의 엘크 시티에서 1박을 하고, 그로부터 멀지 않은 클린턴 시티를 둘러본 다음 이곳 스틸워터로 귀환했지요. 그래서 이곳에 엘크와 클린턴의 뮤지엄 방문기를 중심으로 66번 길에 관한 인상을 남기려는 겁니다.

달라스 가는 길도 엄청나게 멀었지만, 달라스를 탈출하여 엘크로 돌아오는 길도 그에 못지않더군요. 달라스를 빠져나오는 데만도 스무 번 가까이 길을 바꿔 탔으며, 완전히 빠져 나온 후에도 십여 개나 다른 길을 거쳤으니, 미국의 길들이 넓고 곧으며 길게 뻗어 있긴 하지만 길을 한 번 잘못 들면 한참 고생해야 하는 것도 사실이지요. 어쨌든 달라스의 숙소로부터 계산하여 5시간 가까이 걸려 엘크 시에 들어왔습니다.

고층빌딩들 중심의 다운타운을 갖고 있는 대도시를 제외한 미국의 어느 도시나 그렇습니다만. 이곳도 평탄한 들판에 넓은 중앙로와 주변도로들을 중심으로 양 옆에 띄엄띄엄 집들이 들어서서 시가를 형성하고 있더군요. 다만 나름대로 오랜 역사를 지니고 있어서 거리에 따라 약간씩 고풍이 느껴지는 곳들도 있고, 새롭게 형성된 신시가지나 상업지구들이 있어서 전체적으로 조화로운 모습을 갖고 있는 점은 아주 좋았어요.

엘크 시티의 기원은 언제쯤인지 정확하지 않은 것 같아요. 1541년 스페인의

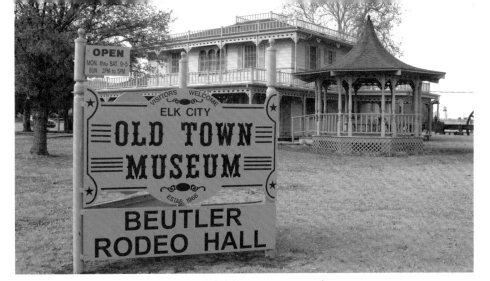

엘크시티의 'Old Town Museum'

프란시스코 바스케스 코로나도(Francisco Vásquez de Coronado)가 이 지역을 통과한 첫 유럽인이긴 했으나, 실제로 엘크 시티의 역사는 오클라호마 서부 지역에 샤이엔-아라파호 족 (Cheyenne-Arapaho)의 보호구역이 문을 연 1892년 4월 19일을 출발로 보아야 한다는 설이 유력하다는 군요. 이때는 첫 백인 정착자들이 모습을 드러낸 때이기도 하지요. 따라서 이 도시 역시 아메리카 인디언과 인연이 깊은 곳임은 말할 것도 없어요.

차를 몰고 시내에 진입하자 낮은 건물들이 듬성듬성 깔린 시가지가 눈에 들어왔고, 보자마자 걷고 싶은 거리라는 생각이 들더군요. 그러나 먼저 박물관이 궁금한 우리는 잠시 더 달려 신시가지 끝부분에 넓게 조성된 박물관 단지를 찾았지요. 그곳엔 여러 종류의 박물관들이 한 묶음으로 모여 있었어요. 이 도시의 작은 규모에 비하여 꽤 큰 박물관 단지라고나 할까요? 여기서는 이 단지 이름을 '국립 66번 도로 박물관 단지(National Route 66 Museum Complex)'라고 부릅니다. 이 안에 '옛 동네 박물관(Old Town Museum)', '국립 66번 도로와 운송 박물관(National Route 66 & Transportation Museum)', '농업과 축산업 박물관(Farm & Ranch Museum)', '대장간 박물관(Blacksmith Museum)' 등이 들어 있었어요.

우선 '옛 동네 박물관(Old Town Museum)'에 들어갔지요. 자원봉사를 하고 있

생활사 자료
(가정의 모습)

각종 생활용품

당시 길가의 모텔 및
노점 등

는 할머니 큐레이터의 안내로 가정생활의 모습을 복원해 놓은 코너와 각종 생활사 자료들을 둘러 보았지요. 초기 오클라호마 개척자들의 생활상이 그대로 재현되어 있었어요. 1층에는 초기 개척자들의 삶, 성조기들, 아메리칸 인디언 갤러리, 1981년 미스 아메리카로 선발된 수잔(Susan Powell)의 사진과 의상 등이 전시되어 있었고, 2층에는 초기 카우보이와 로데오에 관한 모든 것들이 전시되어 있었어요. 사실 2층에 전시된 많은 것들은 유명한 로데오 증권 도입자인 뷰틀러(Beutler) 형제들이 기증한 것들이라네요. 참 대단합니다.

그 다음으로 들른 곳이 '국립 66번 도로와 운송 박물관'이었어요. 그곳에 들어서자 길 가는 이들을 유혹하기 위해 길 주변에 흔히 있던 것들이 당시의 모습대로 재현되어 있습다다. 옛날 풍의 차들, 주막, 레스토랑, 자동차 번호판 등과 미국 하이웨이의 서사적인 내용들을 구체적으로 보여주는 역사적 문건들로 전시장 안이 가득 차 있었어요. 특히 1955년도에 만들어진 핑크색 캐딜락, 자동차 영화관에서 고전적인 쉐보레의 임팔라(Impala)를 타고 앉아 감상하던 흑백영화 등이 압권이었고, 손으로 만질 수 있도록 전시된 각종 자동차들은 애들이나 어른이나 할 것 없이 눈길을 잡아끌었어요.

거기서 나와 길을 건너자 붉은 색의 창고 형 건물 두 개가 나란히 서 있데요. 오른쪽이 '농업과 축산업 박물관', 왼쪽이 '대장간 박물관'이었지요. 그러나 우리는 시간이 없어서 '농업과 축산업 박물관'만 보기로 했지요. 박물관에 들어서자 그곳을 지키고 앉아있는 노인이 우리에게 어디서 왔느냐고 대뜸 물으시는 거예요. 한국에서 왔다니까 자신이 21살 때(1954년) 부산에 미군으로 주둔해 있었다고 하시네요. 그 후 원주·강릉 등으로 주둔지가 바뀌었던 모양인데, 고령으로 말씀은 어눌하셔도 우리나라에 대한 기억들을 분명히 갖고 계셔서 아주 반가웠어요. 그런데 이 박물관에는 서부 오클라호마주 초기 농업과 축산업자들의 생활에 쓰인 도구들이 광범하게 수집, 전시되어 있었어요. 대장간의 실제 모습, 각종 풍차 컬렉션, 트랙터의 각종 시트, 각종 옥수수 탈곡기, 가시철망 컬렉션 등이 이채로웠어요.

농업과 축산 박물관 밖에는 미처 건물 안으로 들어가지 못한 풍차들이 늘어서 있었어요. 농업에 바람을 이용한 이들의 지혜를 보여주는 증거물들이었지요. 지금도 이런 모습의 풍차들은 들녘에 많이들 서 있었어요. 말하자면 삶의 역사가 현재와 미래로 이어지는 모습이었지요. 농업과 축산 박물관을 나와 길을 건너자 철로와 역사(驛舍)가 재현되어 있고, 당시 사용되던 엄청난 크기의 증기기관도 생생한 모습으로 놓여 있었어요.

***

텍사스 주를 기점으로 할 경우 66번 도로상에서 엘크는 에릭, 세이어 등에 이어 세 번째로 만나게 되는 거점도시인 셈인데, 우리가 둘러본 박물관 역시 규모나 내용상 그에 걸맞은 것들이었어요. 우리는 특히 박물관들을 둘러보면서 놀라움과 안타까움을 함께 느꼈지요. 이곳에 전시된 물건들은 대부분 1880년대 말에서 1920~1930년대의 것들이었는데, 특히 자동차와 농업기계들에서 제 눈을 뗄 수가 없었어요. 그 시기 우리는 어땠나요? 사실 제가 성인이 될 때까지 우리의 농촌에서는 꼬박꼬박 지게로 짐을 져 나르고, 괭이와 쟁기로 논밭을 갈아 왔거든요. 그 경험을 저도 아프게 한 사람입니다. 어렸을 적 어머니와 함께 목화밭에 나가 한 송이 두 송이 여린 손으로 목화를 따 앞자락에 담던 기억들이 왜 그렇게 가슴을 저리게 하는지요? 그런데 이들은 당시에 모든 일들을 기계로 해내고 있었어요. 목화 따는 일은 물론 목화로부터 솜을 뽑아내는 일까지 일관 작업으로 해내는 기계를 이 박물관에서 목격하고 말았답니다. 하기야 끝이 보이지 않는 농토에서 농사를 짓기 위해서는 기계가 필수적이었겠지만, 우리와 너무도 대비되는 이들의 풍요로움을 보고 있자니 마음이 마냥 편치만은 않더군요. 요즘 아이들 말대로 이들과는 '잽도 안 되는' 우리가 이제 기술이나 무역의 면에서 이들과 경쟁을 벌이는 위치로까지 올라섰으니, 장하지 않나요? 가끔은 우리 스스로도 자랑 좀 하면서 살아봅시다. 어쨌든 다음 날 클린턴(Clinton)을 거쳐야 하는 우리는 조용히 깊어가는 엘크의 밤을 느끼며 잠자리에 들었지요.

클린턴 시티(Clinton City)와 '66번 도로 박물관(Rt. 66 Museum)'

손 형,

엘크시티를 떠나 동북쪽 30분 거리에 있는 클린턴시티로 가는 길은 늘 그랬던 것처럼 아득히 넓은 들판의 연속이었어요. 가끔 고갤 들어 우리를 쳐다보는 소떼들과 끄덕거리며 땅 속의 기름을 길어 올리는 사마귀 모양의 오일펌프 만이 시각으로 감지할 수 있는 움직임의 전부였어요. 거칠 것 없는 바람은 그 들판 위를 달리는 차를 흔들어 나그네의 마음을 마냥 스산하게 만들더군요. 그저 에메랄드 빛 하늘에 번지는 새하얀 구름만이 땅 위에 깔린 초록빛 목초와 어울려 그나마 운전자의 지루한 마음을 달래 줄 뿐이었어요.

넓은 대지 위에 띄엄띄엄 집들이 들어서 있는 클린턴시티는 엘크시티보다 더 휑하더군요. 그러나 이곳에도 역시 많은 이야기가 깃들어 있었어요. 우리나라는 역사가 길어 대도시를 제외한 소규모 도시들은 유래를 알기 어렵고, 도시 형성에 관련된 스토리 또한 딱히 찾아볼 수 없는 경우가 대부분 아니오? 그러나 미국은 역사가 짧아서인가 도시 형성의 유래가 분명하고, 영고성쇠(榮枯盛衰)로 요약되는 역사의 굴곡 또한 분명하더이다. 처음에 우리는 이 도시가 빌 클린턴 전 대통령 일가와 관련이 깊을지도 모른다는 가소로운 추정을 해보았지요. 빌 클린턴의 기반 지역인 아칸사 주는 오클라호마 주와 인접해 있는 만큼, 본관(本貫)을 가진 한국인들처럼 그 옛날 클린턴 가문도 이곳에서 일어난 뒤 그 쪽으로 이주했으리라는, 그럴듯한 상상을 했던 것이오. 그러나 뮤지엄 관계자에게 물어보자마자 일언지하에 'No!'랍디다.

1899년 아반트(J.L. Avant)와 블레이크(E.E. Blake)가 와쉬타(Washita) 강 옆의 계곡에 도시를 세우기로 결정한 데서 클린턴시티는 출발을 보았다고 해요. 이 지역 인디언들로부터 320 에이커의 땅을 사들여 와쉬타 지역 교차점에 작은 정착지를 조성함으로써 클린턴 지역 공동체는 시작되었다지요? 1902년 의회로부터 승인을 받음으로써 와쉬타 공동체는 급속히 발달하게 되었으며, 그와 함께 '커스터 카운티 크로니클 신문사(Custer County Chronicle Newspaper)'와 '제 1국립은행(The First National Bank)' 같은 기관들이 지역 사업체로서는 처음으로 등장했던 것이지요. 그러나 우체국이 신설되면서 체신부가 '와쉬타 교차점'이 라는 명칭을 받아들이지 않자 세상을 떠난 이 지역 재판관 '클린턴 어윈(Clinton Irwin)'의 이름을 따서 이 도시의 이름으로 삼았다는 것이오.

어쨌든 클린턴 시티는 66번 도로와 뗄 수 없는 관계를 유지해 왔고, 그 덕분에 많은 이점을 얻었다고 할 수 있어요. 66번 도로 가의 다른 도시들과 마찬가지로 클린턴도 여행자들을 상대로 하는 업종이 성황을 이루고 있었지요. 예컨대, 각 종 레스토랑, 까페, 모텔, 주유소, 자동차 정비소 등이 그런 것들이지요. 그 업소 들 가운데 하나만 예를 든다면, '팝 힉스 레스토랑(Pop Hicks Restaurant)' 같은 경우 는 66번 도로에서 가장 오랫동안 운영되던 식당이었다네요. 말하자면 '길에서 돈 이 생기는' 환상적인 체험을 적어도 66번 도로가 거쳐 가는 도시민들은 절감하게 된 것이지요. 사실 이 도로가 쇠락의 길을 걷다가 다시 부활한 것도 이 길과 이해 를 함께 한 사람들의 추억 덕분이 아닐까 생각하고 있어요. 말하자면 '옛날의 영 광이여, 다시 한 번!'이란 '인간 욕망'의 구현이라고나 할까요?

1970년대만 해도 이 도시를 우회하던 I-40(Interstate highway #40)[1]이 오늘날엔 이 도 시를 통과하게 되었고, 많은 길들이 이에 연결됨으로써 이 도시는 이 지역에서 매 력적인 관광의 거점 역할을 하게 되었지요. 관광객들이 반드시 들렀다 가는 정거장

---

[1] I-40은 미국에서 I-90, I-80에 이어 세 번째로 긴 '동-서 주간(州間) 고속도로'다. 그 서쪽 끝은 캘리포니아 주 바스토우(Barstow)의 I-15이고, 동쪽 끝은 117번 도로, 북 캐롤라이나 주 윌밍턴의 북 캐롤라이나 하이웨이 132번 등과 합쳐진다. 또한 오클라호마 시로부터 바스토 우까지 I-40 서쪽의 많은 부분은 66번 도로와 병행하거나 겹쳐진다. I-40은 10개의 주요 '북- 남 주간 고속도로들' 가운데 여덟 개(I-5와 I-45를 제외한 고속도로들)와 교차하고, I-24 · I- 30 · I-44 · I-81 등과도 교차하는 만큼, 미국에서 가장 쓰임새가 많은 도로라고 할 수 있다.

클린턴 시티의
'66번 도로 박물관'

66번 도로에 관한
당시 신문기사들

66번 도로를 살리기
위해 발 벗고 나선
각계의 인사들

당시 66번 도로를 달리던 트럭

역할을 하고 있단 말입니다. 여기서 가까운 텍사스 주의 아마리요(Amarillo)와 오클라호마 시티를 연결하는 66번 도로 가의 큰 도시들 중의 하나이자 여행객들을 위한 중간 쉼터로서의 기능을 해내고 있다는 거지요. 이 도시 안에 일찍부터 해군비행단과 군용비행장이 있었고, 그에 따라 2차 세계대전 전후로 많은 부침(浮沈)도 있었지만, 무엇보다 이 도시가 66번 도로와 함께 되살아난 점은 길이 인간에게 무엇을 의미하는지 분명히 보여주는 사례라 할 수 있지요.

그래서 우리는 도시에 들어오자마자 마주치게 되는 '66번 도로 박물관'을 찾았어요. 규모는 엘크시티의 '국립 66번 도로 박물관 단지'보다 작았으나, 질 높은 컬렉션과 정제된 기획력이 돋보이는 박물관이었어요. 특히 66번 도로의 역사성을 미국 현대사나 문명의 변화와 직결시킴으로써 길과 인간의 뗄 수 없는 관계를 보여주고자 한 의도는 다른 어떤 박물관에서도 찾아볼 수 없는 장점이었어요.

66번 도로의 개통 및 변화, 길 주변 도시들의 영고성쇠 등과 정치·경제·사회의 변화가 어쩌면 그렇게 정확히 맞물려 돌아가는지 놀라움을 금할 수 없었지요. 1920년대 세계 대공황의 산물이 바로 66번 도로였고, 2차 세계대전과 산업의 발전이 이 도로를 쇠락하게 만든 주범이었으며, 과거에 대한 집단적 회상과 추억을 추구하는 새로운 사조의 등장이 이 도로를 부활시킨 힘이었다고 할 수 있지요. 고비마다 위대한 대통령들이 등장하여 그런 분위기를 견인해 나온 미국 현대사의 물결이 바로 이 도로에 스며들어 있다는 것인데요. 제가 너무 과한 해석을 한 걸까요?

이런 대규모의 토목공사를 통해 세계 대공황으로 무너진 산업의 기반을 일으켜 세우려 한 것은 당연한 일이었겠지요. 길이란 필연적으로 여행의 욕망을 부추기는 공간이고, 여행은 어쨌든 소비 행위라 할 수밖에 없지요. 그래서 2차 세계대전 같은 비상시에 소비행위는 억제될 수밖에 없었고, 그 결과 66번 도로의 쇠락은 필연적인 결과였겠지요. 전쟁 이후 산업화 시대에 접어들면서 새로운 길의 수요에 따라 66번 도로 대신 넓고 빠른 하이웨이들의 건설로 효율성을 추구하게 되었고, 그 결과 길은 다시 쇠락의 길을 걸었지요. 그러나 다시 시대가 바뀌어 삶의 질과 내면을 추구하는 시대로 접어들면서 버려졌던 66번 도로는 부활하게 된 것이지요. 그렇게 66번 도로의 '탄생−성장−쇠락−부활'을 일목요연하게 보여주는 컨셉으로 짜여 있는 곳이 바로 이 박물관이었어요.

우리는 클린턴에 와서야 비로소 미국인들의 꿈과 현실을 이해하게 되었어요. 뚜렷한 철학과 방향을 갖고 있는 두뇌들이 역사를 견인하고, 그 외 대부분의 미국인들은 합리적 근거를 바탕으로 이들을 묵묵히 뒤따르는 모습을 발견하게 되었다는 것이지요. 채 1세기도 되지 않는 기간 동안 66번 도로는 탄생과 쇠락, 부활의 과정을 거쳤지만, 그거야말로 2세기 남짓한 미국 역사의 축도(縮圖)일 수 있다는 것이 바로 제 판단이지요. 책임 있는 미국인으로부터 뚜렷한 해명을 들은 건 아니지만, 66번 도로를 사랑하는 미국인들의 심리 저변에 이런 철학이 잠재되어 있는 점은 부정할 수 없다고 봐요. 그것을 잘 보여주는 곳이 바로 클린턴 시티의 '66번 도로 박물관'이었어요.

엘 르노 시티(El Reno City)와 '캐나디언 카운티 뮤지엄 (Canadian County Museum)'

손 형,

엘 르노 시티와 만나게 된 것은 우연이었지요. 유콘 시티의 참전용사박물관

옛 건물들을 되살린 엘 르노 시티의 구시가지

에 들렀다 돌아가려는데, 큐레이터 리차드 씨가 근처의 엘 르노 시티를 보고 가는 게 좋을 거라고 충고합니다. 그래서 그곳에 들렀는데, 그렇게 하기를 잘 했다는 생각이 들었어요. 상당히 퇴락된 느낌이 들었지만, 꽤 유서 깊은 면모를 간직한 도시였어요. 이 도시 또한 66번 도로와 큰 관련을 맺고 있지요. 그뿐 아니라 열차의 터미널과 수리공장이 있던 곳으로, 말하자면 이 지역의 교통 요지였어요. 우리가 방문한 박물관은 그 역사(驛舍)와 부지(敷地)를 통째로 개조한 것이었고요.

엘 르노 시티는 캐나디언 카운티 청사의 소재지로서 현재 대략 18,000에 가까운 인구가 살고 있는 도시이죠. 1889년 랜드러시(land rush)[2] 직후 인근의 Fort Reno를 본떠 명명된 이 도시는 오클라호마 시 중심가로부터 겨우 40km 정

---

2) 1889년 오클라호마 인디언 구역 안에 백인들의 정착이 시작되면서 세계 역사에 보기 드문 도시 건설의 기괴하고 혼란스런 일들이 생겨나기 시작했다. 철로가 인디언 구역을 가로지르고, 아칸사와 텍사스를 잇는 통로들을 따라 여기저기에 증기 열차를 운행하기 위한 급수탑과 여타 설비들이 설치되었다. 당시 5만 여명의 정착민들이 200만 에이커의 땅을 둘러싸고 벌인 투쟁은 '랜드 러쉬' 즉 '땅 차지하기' 싸움으로 기록되었으며, 인디언들에게는 비극적인 역사의 단초가 되었다.

엘 르노 시티의 락 아일랜드(Rock Island) 역사를 개조하여 만든 '캐나디언 카운티 뮤지엄'

도 떨어져 있는, 주의 중심부라 할 수 있지요. 특히 오클라호마 시티 '표준 도시 통계구역(Standard Metropolitan Statistical Area)'[3]의 한 부분이라는 사실은 이 도시가 이 지역에서 아주 중요한 위치를 점하고 있음을 말해 주는 점이지요. 원래 현재 위치로부터 북쪽으로 8km 정도 떨어진 '북 캐나다 강(North Canadian River)'의 제방에 있던 이 도시는 Reno City라는 이름을 갖게 되면서 네바다(Nevada)주의 Reno와 혼동을 일으켜 우편물의 배달 오류 사태가 자주 일어나곤 했다네요. 그래서 시가지가 물에 잠긴 두 번 째의 홍수 이후에 현 위치로 옮겼고, 이름도 El Reno로 바뀌었다는군요.

이 도시는 오클라호마 주에서 유일하게 다운타운 지역에서 운행되는 전차를 갖고 있다는 점, 시카고의 '락 아일랜드 및 태평양 철도(Chicago, Rock Island and Pacific Railroad)' 즉 '락 아일랜드(Rock Island)'의 터미널과 수리 시설이 있다는 점 등으로 아직도 오클라호마 주 안에서 중시되고 있었어요. 그런데 불행히도

---

3) '표준 도시 통계구역'이란 미국에서 대도시 문제를 분석하는 데 편의를 도모하기 위해 만든 개념인데, '인구·도시의 성격·통합의 정도' 등을 기준으로 표준도시 통계구역은 설정된다.

캐나디언 카운티 뮤지엄의 사무실 겸 주 전시실

1975년 이 회사가 파산하는 바람에 많은 사람들이 실직을 했고, 철도부지 역시 공터로 남게 되었다지요? 철도회사의 창고와 건물들은 캐나디언 카운티 역사학회가 사들여 박물관 단지의 중요한 부분으로 사용하게 된 것이고, 우리는 바로 그 박물관을 방문하게 된 겁니다. 기차 역사를 사들여 빌딩을 건축함으로써 엄청난 시세차익을 남기려는 우리와 달리 박물관으로 활용하는 모습을 보노라니 그들의 여유와 통찰력이 무척 부러워지더군요.

박물관의 중심 컬렉션은 다른 도시의 박물관들처럼 이 지역의 '생활사 자료들'이 주축이었어요. 그러나 다른 지역들과 구별되는 점은 '락 아일랜드' 역 자체에 관한 컬렉션의 풍부함이었어요. 기차와 철로에 관련되는 각종 물건들이 세밀하게 수집되어 있었고, 당시 운행되던 열차의 미니어쳐를 전시실 안에서 실제로 움직이게 함으로써 박물관에 생동감을 주는 효과를 발휘하고 있었어요. 박물관의 중심 건물 밖에는 학교·교회 등 공동체의 건물들이 당시의 모습 그대로 재현되어 있었으며, 창고에는 열차 관련 부품들과 각종 운송수단 및 농기계 등도 전시되어 있었어요. 그 뿐 아니라 역의 사무실은 까페로 꾸며져, 사람들이 당시의 분위기를 느끼며 즐길 수 있도록 개조되어 있더군요. 전반적으로 이들이 쓸모없게

옛 건물을 그대로 되살려 사용하고 있는 Hotel El Reno

된 물건들이나 공간을 활용하기 위해 머리를 많이 썼다는 느낌을 줍니다. 발전의 주기가 짧고 변화 자체가 드라마틱한 우리의 경우도 생활사 자료들을 폐기처분하는 것만이 능사가 아니라는 점을 이 도시에서 특히 강하게 깨달았지요. 당장우리의 안목이 좀 더 문화적인 폭과 깊이를 갖추어야 한다는 것. 미국의 중소 도시들을 몇 군데만 돌아다니면 얻을 수 있는 교훈이었어요.

　이 도시 역시 엘크나 클린턴, 유콘 등처럼 66번 도로변의 도시, 즉 '메인 스트릿(Main Street) 공동체'이지요. 아시겠지만, 오클라호마 주는 오래전부터 '메인 스트릿 프로그램(Main Street Program)'을 실시해 왔고, 엘 르노 시티는 자신들의 프로그램으로 '미국 메인스트릿 대상(the Great American Main Street Award)'을 2006년에 받기도 했다지요. 말하자면 하이웨이의 신설 등 사회 간접자본의 확충으로 퇴락하는 다운타운을 되살리는 작업인 셈인데, 이 도시 역시 철도역을 중심으로 번성하던 숙박업소나 레스토랑·백화점 등 각종 건물들이 현재는 각종 '사적(史蹟)'으로 지정되어 있었고, 일부는 그 안에서 영업을 하고 있기도 했어요.
　다운타운은 여느 도시와 마찬가지로 널찍하게 정비가 잘 되어 있었고, 특히 100년 이상 된 건물들도 이 곳 저 곳에 중후한 모습으로 서 있었어요. 다운타운을 돌아보면서 무엇보다 우리의 눈길을 끈 것은 도심 한복판에 전몰용사 기념공원을 만들어 놓았다는 점이었어요. 그 가운데는 이 지역 출신으로서 6·25 때 전사한 젊은이들의 사진과 이름을 새긴 석비도 있었는데, 순간 우리의 가슴은 뭉클해졌어요. 정작 우리는 우리의 혈육들이 그 전쟁에서 몇 명이나 죽었으며, 전사자 가운데 우리 고장 사람들이 있는지조차 알지 못하는 게 사실 아니오? 그런데 미국 사람들은 전사자들을 도시 한복판에 모시고 항상 추모하며 고마움을 표하는 사실이 우리를 감동시킵니다. 우리가 이런 점은 반드시 배워야 한다고 봐요. 세계 곳곳의 전쟁터에서 미국의 많은 젊은이들이 희생되어 왔지만, 국가는 그들의 희생을 한시도 잊지 않고 있다는 메시지를 국민들에게 매 순간 각인시키기 때문에 지금과 같은 부강한 나라로 발전할 수 있지 않았겠어요? 개인주의로 철저히 무장한 미국인들이 일단 '애국정신'의 기치 아래 뭉치면 천하무적의 집단이 된다는 점. 무섭고도 부러운 면이지요. 이 평범하면서도 쉽지 않은 점을 미국 중서부의 작은 도시 엘 르노에서 발견하게 되었어요. 우리는 과연 언제쯤이나 그렇게 될 수 있을까요?

66번 도로에 살아 있는 역사의 공간, 유콘 시티(Yukon City)

우리가 유콘을 찾은 것은 11월 2일(토)이었다. 사실은 66번 루트에서 비교적 유명한 오클라호마시티 남쪽 엘크 시의 '국립 66번 도로 박물관', '옛 마을 박물관 단지', '농업 및 목축업 박물관' 등 세 박물관들을 돌아보기 위해 집을 나선 길이었는데, 오클라호마시티에 들어오니 시곗바늘은 이미 11시 반을 넘고 있었다. 그런데 우리의 목적지는 스틸워터로부터 달려 온 만큼의 시간을 그로부터 더 달려야 하는, 100마일이나 먼 거리에 있었다. 도착하면 오후 2시쯤 될 것이고, 점심을 먹고 나면 3시쯤 될 것 아닌가. 난처했다. 박물관 하나를 겨우 보고나서 다시 되돌아 와야 하고, 되돌아오는 길 또한 300마일쯤이나 될 것이니, 오밤중이나 넘어서야 집에 들어 갈 수 있을 것이었다. 끔찍하게 드넓은 미국

유콘 제분공장

땅. 그 중에서도 끝없이 펼쳐진 벌판의 왕국 오클라호마를 얕본 우리의 실책이 었다. 잠자리에서 일어나자마자 출발했어도 쉽지 않을 거리였는데, 느직이 일어나 아침을 다 챙겨먹고 나선 길이니 여유롭게 돌아보고 오기란 애당초 불가능한 일이었다.

하는 수없이 하이웨이의 출구를 빠져나와 주유소와 푸드마트, 구멍가게 등을 겸한 휴게소에 들렀는데, 마침 66번 도로가 그 휴게소 옆을 지나고 있었다. '작전 상 후퇴' 아닌 '시간 상 노정 변경'이었다. 마트에 들러 그 지역 사람들에게 물으니, 하나같이 유콘시티를 추천했다. 그렇게 해서 우리는 66번 길가에 묻혀 있던 유콘을 찾아낸 것이었다.

시내에 들어서자 저 멀리 도시 입구 쪽의 메인 스트릿 양 옆에 원통형의 거대한 건물들이 서 있었다. 이 도시의 랜드마크 역할을 하는 듯 그 건물들의 위압적인 모습이 범상치 않았다. 다가가 보니 두 건물 모두 제분공장이었다. 문은 굳게 닫혀 있고 그 사이를 지나는 철길도 녹이 슬어 있어 이 제분공장에서 밀가루가 만들어지고 있는지 알만한 단서는 아무데도 없었다. 퇴락한 옛날의 영화들이 건물 벽의 각종 글씨들에만 흐릿하게 남아 있었다. 이 정도 규모의 제분공장들이라면 아마 이 근동 사람들이나 먹여 살리는 데 그치지는 않았으리라는 생각이 들었다. 기차에 실려와 조달된 밀을 가루로 만들고, 그것을 다시 그 기차로 다른 지역에 실어다 팔기도 했을 것이다. 나중에 보기로 하고 우리의 1차 관심처인 '유콘 역사박물관(Yukon Historical Museum)'을 찾기로 했다.

그러나 작은 도시의 메인 스트릿을 오르락내리락 하며 박물관을 찾았으나 눈에 보이지 않았다. 하는 수 없이 책자에 소개된 번호로 전화를 걸었다. '규정상 미리 예약을 한 다음에만 볼 수 있으나, 오늘은 그냥 보여 주겠다'는, 젊고 아름다운 여성의 목소리였다. 설레는 마음으로 달려가니 기대와 달리 80대로 보이는 깨끗한 할머니가 기다리고 있었다! 이름은 캐롤(Carol Knuppel). 자원봉사 큐레이터였다. 건강은 좀 안 좋아 보였으나 맑고 지성적이며 자신들의 향토역사에 대단한 자부심을 갖고 있는 지식인이었다.

폐교된 초등학교를 단돈 1 달라에 주 정부로부터 불하받아 개관한 박물관이었다. 우리가 이미 목격하고 온 제분공장 유콘 밀(Yukon Mill)의 유물들을 중심 컨셉으로 박물관의 컬렉션은 이루어져 있었다. 캐나디언 카운티에 속한 유콘은 1891년 스펜서(A. N. Spencer)에 의해 세워졌으며, 오클라호마 시 인접 도시로 존속되어 왔다. 캐나디언 카운티의 유콘 구역에서 있었던 골드러쉬를 바탕으로 명명된 유콘 시티가 지금은 오클라호마시티 직장인들의 베드타운 역할을 하고 있지만, 원래는 이 지역 농업의 중심지로서 대규모 제분작업이 이루어지던 곳이었다. 그런 역사적 바탕 위에서 비로소 우리는 Yukon Mill의 존재를 이해할 수 있었다.

유콘의 시민들은 Yukon Mill에 대단한 프라이드를 갖고 있다는 말로 큐레이터 캐롤의 설명은 시작되었다. 보헤미아에서 이민 온 체코인들의 자본으로 세워진 것이 이 제분소였다. 1891년 이 도시가 세워지고 철로까지 부설되면서 이 도시는 급속히 번성하게 되었다. 1898년에 이르자 이 도시는 체코 이민자들의 보금자리로 자리를 잡게 되었으며, 그에 따라 유콘은 '오클라호마의 체코 수

유콘 박물관에 전시중인
'유콘 제분소 및 곡물회사'
관련 자료들

유콘 시티 관련
아카이브의 일부

유콘시티의 역사를 설명
하고 있는 큐레이터 캐롤

도'로 알려질 만큼 성장하게 되었다.

1893년에는 소규모 제분공장인 '유콘 제분 곡물 회사(Yukon Milling and Grain Company)'가 사업을 시작하면서 급속히 성장했고, 1915년에는 해외 수출까지 하게 되었다. 그 첫 제분소는 없어진지 오래지만, 대형 곡물창고는 지금도 66번 도로와 철로가 만나는 지점에 서 있었다. 지금도 건물 북쪽의 외벽에는 '유콘 제분소(Ykon Mills)', '유콘 최고의 밀가루(Yukon's Best Flour)' 등의 글자들이 선명하게 빛을 발하고 있었으며, 동쪽에는 '유콘 최고의 밀가루(Yukon's Best Flour)/미국 최고급 근대 제분소(No finer or more modern mills in America)/유콘 제분 곡물 회사–유콘 오케이/유콘은 오클라호마의 체코 수도(Yukon Czech Capital of Oklahoma)' 등의 글귀들이 새겨져 있었다. 2차 세계대전 동안 미국 정부는 이 회사로부터 많은 밀가루를 사다가 굶주린 동맹국들을 도왔다는데, 그 덕에 이 회사는 더욱 성장할 수 있었다고 한다.

유콘 제분소를 중심으로 하는 이 지역의 산업과 경제 관련 생활사 컬렉션들을 설명한 다음, 캐롤은 우리를 1층으로 인도하여 이 학교를 거쳐 간 졸업생들과 교사들의 사진이 가득한 방을 보여주었다. 사진은 물론 각종 교과서, 학용품, 학교 비품, 생활기록부 등 학교와 학생들에 관한 생생한 자료들이 방 안에 그득하였다. 살아있는 소도시의 아카이브(archive)였다.

***

박물관은 작았지만, 그곳의 컬렉션들은 1세기 이상 지속되고 있는 이 도시의 삶을 보여주는 스토리의 원천이었다. 설명을 들으며 폐교를 비싼 값에 매각 처분하는 우리나라가 문득 생각났고, 그 '사려 깊지 못한 처사'가 나를 많이 안타깝게 했다. 이곳에서는 폐교를 단 1달러에 이 지역 사람들에게 넘기고, 그 공간을 박물관으로 개조하여 쓰도록 도와주고 있었다. 이미 썩어버렸거나 엿장수들의 손에 엿 값으로 넘어가 지금은 모조리 사라진 우리 고향의 각종 생활사 자료들을 보관, 전시할 지역 박물관을 폐교에 만들었더라면 얼마나 좋았을

유콘 역사 박물관

까. 아무리 '비까번쩍한' 건물로 우리의 외면을 치장한들 무엇 하랴. 역사와 스토리가 빠진 도시는 영혼이 빠져나간 인간의 육체나 마찬가지! 그런데 이들은 폐교를 활용하여 자신들이 스스로 모은 생활사 자료들을 박물관으로 만들고, 이 도시에 생명을 불어넣고 있었다. 주민들은 자원봉사 큐레이터 역할을 함으로써 선대로부터 이어온 삶의 모습과 문화를 계승·보존하며 후대로 이어주고 있었다. 자신들의 삶에 대한 자부심과 철저한 역사의식이 없다면 불가능한 일일 것이다. 66번 도로의 역사성과 유콘 시티에 대한 부러움을 함께 느끼며, 우리는 아쉬운 발길을 돌렸다.

누구 혹시 이 소녀를 아시나요?: 유콘에서 만난 우리들의 누이

66번 도로에서 유콘을 만났고, 그 안에서 제분공장 유콘 밀과 유콘 역사박물관을 만났으며, 그 박물관 안에서 또 하나의 박물관 '유콘 참전용사 박물관 (Yukon Veterans Museum)'을 만났다. 유콘 역사박물관의 할머니 큐레이터 캐롤

종전 직후, 아이를 업은 소녀

종전직후, 리어카 끄는 남자

의 안내로 소중한 생활사 컬렉션을 두루 살펴 본 다음, 같은 건물 3층에 마련
된 참전용사 박물관을 우연히 찾게 되었고, 거기서 일을 보고 있던 톰(Mr. Tom
Thomas)을 만나게 되었다. 그의 도움으로 박물관 안을 둘러보다가 우리는 가
슴이 찡해오는 색깔 바랜 몇 장의 사진을 목격하게 되었다.

아, 그것은 6 · 25 전쟁의 포화 속에서 가까스로 살아남은 우리네 누이와 아
주머니의 힘겨운 모습이었다. 칭얼대는 동생을 광목 포대기로 감아 업고 배고
픔을 달래던 우리 누이, 전쟁 통에 죽었거나 끌려가 부재중인 남편 대신 산에
서 땔감을 산더미처럼 지고 오던 이웃 아주머니, 비누도 제대로 없던 시절 냇
가에서 빨래방망이를 두드리던 동네 아주머니들, 덜컹대던 버스, 동산만큼 무
거운 짐을 실은 리어카를 활기차게 끌고 가는 어떤 장년 남자, 자신의 사진을
찍는 사람의 동작을 흉내 내는 듯한 코흘리개 남자아이, 서울 수복의 감격이
짙게 배어 있는 서울시청, 그 때까지만 해도 웅장한 자태로 서 있던 동대문 등
등. 그런데 이 사진들을 과연 누가 찍었을까. 사연을 알아보니 유콘에 살던 퇴
역군인의 아들로부터 기증받은 것들이란다. 원판 화질이 안 좋았으나 우리로
서는 그 사진들을 우리의 카메라로 다시 촬영하는 수밖에 없었다.

종전 직후, 코흘리개 남자 아이　　　　　　　　종전 직후, 서울시청

　　그렇게 찍은 사진들이 혹시 사라질세라 카메라를 소중하게 부여안고 다른
노정들의 방문은 생략한 채 2시간 가까운 거리를 달려 집에 도착했다. 도착하
여 컴퓨터 화면에 띄우는 순간 가슴이 철렁했다. 그 사진들 모두의 화질이 너
무 좋지 않았기 때문이었다. 하는 수 없이 톰에게 전화를 하자 다음날(일요일)
12시에 사진 기증자가 이곳에 오니 다시 오라는 것이었다. 그래서 다음 날 우
리는 Yukon Veteran's Museum을 다시 찾았고, 거기서 이 사진을 찍은 퇴역군인
의 신원을 알게 되었으며, 기증자의 아들인 리차드 카치니(Richard Cacini)를 만
날 수 있었다. 그 역시 미 육군에서 30여년을 근무한 군인이었고 그의 아들 또
한 군인이었으므로, 이탈리아계 이민인 카치니 가문은 3대가 미군에서 복무한
모범 군인가족이었다. 우리는 전날 같은 실수를 다시 범하지 않기 위해 카메라
와 스마트 폰으로 사진들을 다시 찍고, 휴대용 스캐너로 일일이 스캔하여 별도
의 파일로 보관하기도 했다. 리차드 씨의 흔쾌한 협조로 열 장이 넘는 사진들
을 송두리째 우리의 가슴에 담을 수 있었다.

　　미 육군의 하사관으로 한국에 파견되었던 제임스 카치니(James Cacini)는 각각
의 사진들 뒷면에 장소와 연도를 표기했는데, 연도가 모두 1954년인 점으로 미

루어 전쟁 직후의 우리 땅(의정부, 서울)에서 찍은 것들임을 알 수 있었다. 그러나 무엇보다 내 눈시울을 축축하게 한 것은 사진을 찍은 사람이 따스한 시선으로 어려운 시절의 우리 모습을 잘도 잡아냈다는 점이었

종전 직후, 나뭇짐을 지고 가는 아주머니

다. 의정부에서 찍었다는 '나뭇짐 지고 가는 여인' 사진 뒷면엔 다음과 같은 메모가 적혀 있다.

> "당신이 혹사당한다고 말하지 말라. 이 여인은 200~400파운드나 되는 무게의 짐을 져 나르고 있다. 그녀가 내려놓았을 때 나는 그 지게를 들 수조차 없었다."

그는 산더미 같은 나뭇짐을 지고 가던 가냘픈 여인을 만났고, 그 '삶의 무게'가 그의 마음에 감동과 동정의 파문을 일으켰을 것이다. 어쩌면 이 여인의 모습을 통해 한국인이 당하고 있던 현실적 고통을 큰 소리로 세계인들에게 알리고 싶었을 것이다.

동생을 업고 있던 작은 소녀의 사진 뒤에는 다음과 같은 내용의 글이 적혀 있다.

> "이 작은 소녀는 겨우 여섯 살인데 몇 달째 '애보개'의 역할을 해오고 있다. 거의 모든 어린이들은 등에 아기들을 끈으로 묶어 업고 다닌다."

여섯 살 난 여자애가 동생을 업고 있는 모습에 사진사의 시선이 꽂히는 순간이다. 한 집에 일곱 여덟씩의 아이들이 북적대던 우리 어린 시절, 젖먹이 아이들을 업어 키우는 일이야 당연히 형이나 누나들의 몫이 아니었던가. 그런 일을 미국인으로서는 상상도 할 수 없었을 것이다. 사진의 앵글이나 초점과 메모의 내용을 결부시키면, 사진사의 단순한 호기심보다 따스한 동정과 연민의 정이 느껴지지 않는가.

이 소녀와 아줌마는 지금쯤 이 땅을 떠났거나 고령의 여인으로 어딘가에서 살고 있을 것이다. 어쩜 지금까지도 어떤 미군이 자신에게 카메라를 들이대던 그 시절의 기억을 놓지 못하고 있을지도 모른다. 무슨 인연으로 우리는 이 먼 미국 땅에서 사진으로나마 그들을 만나게 되었을까. 누군들 알았겠는가. 다른 지역에 비해 한국인들이 적은 오클라호마의 잊혀져가고 있는 소도시 박물관에서 사진으로 만나는 우리의 어제가 이토록 내 유년기의 상처를 건드릴 줄을. 11월 11일 이곳 박물관에서 열리는 참전용사의 날(Veteran's Day)에 우리는 초대를 받았다. 반드시 그들을 만나서 지금의 우리는 기적처럼 일어나 세계 10위권의 경제대국이 되었음을 알려주리라. 그들의 마음에 고착되어 있는 6·25의 기억을 지우고 새로운 대한민국의 이미지를 심어주리라.

독자 여러분께 다시 한 번 여쭙건대, 어딘가에 살아 있을 이 소녀와 아줌마를 누구 혹시 아시는 분 없으신가요?

한국전 참전용사의 아들 리차드 카치니와 '유콘 참전용사 박물관'

지난 달 우리는 66번 도로와 그 주변 도시들을 탐사하던 중 유콘 시티에 들르게 되었고, 거기서 우연히 '유콘 참전용사 박물관'을 만났다. 당시 개관한 지 채 몇 달도 지나지 않은 뮤지엄이었는데, 큐레이터가 바로 리차드 카치니였다. 그의 아버지 제임스 카치니(James Cacini)는 6·25 참전용사로서, 전쟁과 관련된

좌측이 리처드 카치니, 우측은 그의 친구

많은 유물들을 소장하고 있던 인물이었다.

　그가 사망한 뒤 아들인 리차드 카치니는 자신의 아버지가 소장하고 있던 유물들을 이 뮤지엄에 기증했고, 그 유물들을 바탕으로 '한국전쟁 섹션'이 성립된 것이었다. 그 가운데서 우리는 전후 서울에서 찍은 아주머니들과 아이들의 귀한 사진들을 발견하게 되었다. 그런데 오늘, 연구실에 들어와 보니 한 통의 편지가 도착해 있는데, 봉투를 뜯어보니 아래와 같은 기사가 실린 지역신문 한 부분이 들어 있었다.

　이 기사를 대강 번역하면 다음과 같다.

베테랑스 뮤지엄, 특별한 손님 맞아
–한국으로부터 온 조 박사 부부가 한국전쟁의 유물을 관람하다–

　한국의 조 박사 부부가 11월 3일 오우크 가(街) 601번지(601 Oak.)에 있는 유콘 베테랑스 뮤지엄의 한국전 관련 유물들을 살펴보기 위해 이곳을 방문했다. 조 박사와 그의 부인은 바로 몇 달 전에 개관한 뮤지엄에 전시된 많은 유물들을 보고 놀라워했다. 조 박사는 잠시 오클라호마 주립대학에서 연구와 강의를 수행하고 있는 '풀브라이트 방문학자'다. 그는 오클라호마 시의 소식지를 통해 유콘의 베테랑스 뮤지엄에 관하여 듣게 되어, 이곳을 방문하고자 한 것이다. 조 박사가 이곳을 방문하는 동안, 그는 전쟁 기간과 그 후에 자신의 나라를 도와 준 데 대하여 이 지역 주민들과 참전용사들에게 감사의 뜻을 표하며, "미국인들이 우리를 구해주었다"고 말했다. 그는 뮤지엄의 모든 섹션들을 둘러보던 중 한국전 섹션에서 발길을 멈추었고, 오랫동안 그 자료들을 살폈다. 조 박사는 거기서 한국전 참전용사 고(故) 제임스 카치니(James Cacini) 대위가 기증한 사진들을 발견했고, 그것들을 그가 차에 싣고 다니는 컴퓨터와 몇몇 기계장치를 이용해 복사했다. "그는 이런 기회를 갖게 된 것에 대하여 아주 고마워했고, 우리가 하고 있고 해 온 모든 일들에 대하여 거듭거듭 눈물겹도록 고마워했어요." 라고 유콘 베테랑스 박물관의 큐레이터 릭 카치니(Rick Cacini) 씨는 말했다. 주빈이자 큐레이터로서 카치니 예비역 중령은 뮤지엄과 그 안의 모든 부분들에 관하여 설명했다. 유콘 베테랑스 뮤지엄 방문 계획을 갖고 있을 경우, 카치니 씨에게 전화(350-7231)하면 된다.

당시 우리는 여러 명의 베테랑들을 만났고, 그 가운데 한국전 참전용사의 아들인 리처드 카치니는 특별한 존재였다. 6·25 발발의 원인이나 결말, 그로부터 시작된 우리 현대사의 질곡들은 학계에서도 아직 연구 중이다. 물론 학술적 차원을 떠나 6·25에 대하여 모르는 이들은 없을 것이고, 6·25와 관련된 미국의 책임을 들어 '반미'의 근거로 삼는 이들도 많다.

세계사의 진행과정에서 모든 사건들의 원인은 대부분 다원적이고 복합적이기 때문에, 어느 일방에 책임을 떠넘길 수는 없다. 비록 일각의 실수와 판단착오로 전쟁이 일어났다 해도, 그 전쟁에 이기기 위해 UN의 깃발을 든 16개국이 자식들을 전장에 보내준 것은 쉬운 일이 아니다. 그 가운데 전사 36,516명, 부상 92,134명, 실종 8,176명, 포로 7,245명 등 미군 희생자 수는 단연 압도적이었다.

훗날 대통령이 되는 아이젠하워 원수의 아들을 포함한 140여 명에 달하는 장군의 아들들도 최전선에 참전하여 35명이나 희생되었으니, 6·25 참전의 근본 의도가 어디에 있었건 공산주의 세력에 대항하여 일치단결한 힘으로 한국을 살려낸 것은 그들의 희생을 바탕으로 이루어낸 역사적 쾌거임에 틀림없다.

미국에서 사람들을 만나 그들의 부조(父祖)에 관한 이야기를 나누다 보면 6·25 참전용사들이 심심치 않게 등장하는데, 그런 부조를 둔 자녀들은 대부분 친한(親韓) 인사라는 사실을 확인하게 된다. 그들의 뇌리 속엔 아직도 한국이 '전쟁으로 파괴된 궁핍한 나라'로 각인되어 있긴 하지만, 우리도 모르는 외국 땅 어디에선가 우리에게 응원을 보내는 존재들이 바로 이들이라는 점을 생각하면 얼마나 감동적인가.

정치적·이념적 입장이 무엇이건 간에 사랑하는 자식들을 파견하여 죽음으로 우리를 지켜 준 점에 대하여 고마워해야 한다. 미국 땅에서 베테란들, 특히 한국전 참전용사나 그 후손들을 만날 때마다 누구든 스스로 한국인을 대표하는 심정으로 그들에게 최대한의 예를 표하는 것이 마땅하다고 보는 것도 그 때문이다. 국가가 나서서 참전용사들을 우대하고, 묻혀 있는 공로자들을 발굴·선양하는 일이야말로 상무정신(尚武精神)을 드높여 궁극적으로 국방을 든든히 하는 최선의 방책이다. 곳곳에 베테랑스 센터나 뮤지엄들을 지어 이들의 공적을 선양하고 교육의 자료로 활용하는 미국을 보며, 완벽한 국방이란 무기의 좋고 나쁨에만 달려 있는 것이 아님을 새삼 확인하게 된다.

오클라호마의 숨은 별: 거쓰리 시티(Guthrie City)

66번 길 가의 도시들 가운데 특별한 곳이 바로 거쓰리 시티다. 오클라호마 시티로부터 35번 하이웨이를 타고 20~30분을 달리자 길가에 'Oklahoma Territorial Museum(오클라호마 역사 박물관)'이란 입간판이 서 있었다. 'territorial'이란 단어에 관심이 갔다. 특수한 분야를 표방한 경우를 제외하고 일반적으로 박물관이란 시간과 지역을 초월하는 공간인지라, 'territorial'을 강조한 그 이름

이 내 시선을 끌었다. 주로 승격
되기 전부터 주가 된 이후까지 오
클라호마의 역사유물들을 소장
하고 있기 때문에 이 박물관의 명
칭에 이 말을 삽입했을 것이다.
그래서 'Territorial Museum'을 '역사
박물관'으로 번역하기로 했다.

거쓰리 시티의 지역 축제 포스터

10월 5일 토요일. 맘먹고 기
억 속에 각인된 그곳엘 갔다.
거쓰리 인터체인지로 진입하니
겉보기에 한적한 시골이었다.

다운타운이라 할 만 한 거리의 주차 공간들은 텅텅 비어 있었으나 도시 곳곳에
서려 있는 분위기가 범상치 않았다. 알고 보니 이곳이 바로 오클라호마의 첫 주
도(州都, Capital)였다. 인근의 오클라호마시티에 주도의 지위를 넘겨 준 뒤 와신상
담해 온 듯하지만, 한 번 지나간 역사의 물결을 되돌리기란 불가능함을 그들인들
모를 리 없을 터. 힘들여 보존하고 있는 영화의 옛 자취들을 곳곳에서 목격할 수
있었다. 시내 간선도로를 따라 100년 넘는 건물들이 즐비하고, 거리에는 승객
들을 가득 실은 당시 모양의 고풍스런 버스가 돌아다니고 있었다.

잠시 걷다 보니 하얀 천막들이 우리의 길을 막았다. 'Guthrie Escape'란 명칭의
가을 축제였다. '거쓰리로의 탈출'쯤으로 번역될 수 있을까. 큰 도로 위에 설치
된 각각의 천막들에는 각종 미술품 · 음식 · 와인 · 의상 · 도자기 · 공예품 등
이 그득그득 전시되어 있고, 천막 거리를 벗어난 곳의 가설무대에서는 그룹 싱
어들과 악사들이 각국의 민속음악들을 공연하고 있었다. 주변에는 100년이 훨
씬 넘는 건물들이 우뚝우뚝 서서 축제의 현장을 굽어보고 있고, 사람들은 그
사이를 냇물처럼 흐르고 있는 시간의 여울에서 물고기가 되어 유영하고 있었
다. 시간이 각인된 그 자리에서 시간의 흐름을 잊어버리게 하는 것이 축제의

거쓰리 시티 축제에서 공연을 하고 있는 음악인들

오클라호마 주에서 최초로 세워진 거쓰리 시티의 카네기 도서관

힘임을 비로소 느껴볼 수 있었다.

축제가 벌어지고 있는 곳으로부터 두 개의 네거리를 지나자 박물관이 나타났다. 건물은 그럴 듯 했으나, 관람객은 우리 둘 뿐이었고, 들어가 보니 빈약한 컬렉션 또한 우리의 기대에 크게 미치지 못했다. 주로 개척시대 이 지역의 생활사 자료들이거나 복제된 것들이 대부분으로, 1 · 2층에 나누어 진열되어 있

거쓰리 시티의 스코틀랜드 프리메이슨 사원

었다. 그러니 이미 오클라호마시티의 카우보이 박물관과 털사시티의 길크리스 박물관을 본 우리의 안목을 만족시키기에는 어림도 없었다. 그러나 박물관과 함께 하고 있는 '카네기 도서관'은 오클라호마 주에서 처음 세워진 것으로 당시 소장하고 있던 책들과 열람실이 그대로 보존되어 이 도시의 역사적 연원과 문화적 깊이를 증명하고 있었다.

박물관에서 나와 중앙의 대로를 타고 끝까지 가자 큰 건물의 '스코틀랜드 프리메이슨 사원(Scottish Rite of Freemasonry)'이 서 있었다. 기독교와 계통을 달리하는 광신도들의 비밀 결사로서 이미 200~300년 전부터 유럽과 아메리카 대륙의 백인사회를 중심으로 퍼져 나간 민간조직이 바로 이것이었다. 루스벨트 · 처칠 등 세계의 지도급 인사들도 많이 소속되어 있었다는 그것은 이미 십자군 전쟁 때의 '성당 기사단'에서 연원되었을 만큼 역사가 길다.

십자군 전쟁 뒤 스코틀랜드로 도피하여 석공으로 변신한 기사들은 비밀 결사를 만들어 유지하며 수백 년을 지탱했고, 그로부터 약 400년이 지난 1717년, 흩어져 있던 지부들이 규합하여 프리메이슨의 공식명칭을 갖게 되었다고 한다. 그 프리메이슨의 사원을 이곳에서 보게 될 줄이야! 잠겨 있는 사원의 주위를 뱅뱅 돌면서 비밀스런 내부를 보고자 했으나 문은 굳게 잠겨 나그네의 출입을 완강히 막고 있었다.

프리메이슨을 떠나 클리블랜드가에 위치한 레스토랑 'EAT'를 찾았다. 100년이 넘는 역사를 자랑하는 이 집의 돼지 갈비 바비큐와 맥주 한 잔은 나그네의 출출한 배를 채우기에 충분했고, 모여드는 사람들의 친절한 표정과 응대가 이 지역의 분위기를 말해주고도 남았다.

식사 후 커피 마실 만한 집을 찾다가 들른 곳이 바로 빅토리안 티룸(Victorian Tea Room). 레스토랑이 주업인 그 집에서 차 한 잔만 마시기가 미안해 쭈뼛거리는 우리를 호화롭게 세팅된 자리에 앉힌 다음 여주인 셰릴(Cheryl)은 맛있는 티와 커피를 내왔다. 차를 마시면서 여주인과 우리는 이 도시의 역사와 문화에 대해 많은 이야기를 나누었다. 도시를 세운 인물 거쓰리의 이야기, 거쓰리 시의 역사와 문화, 조상들과 자신들의 삶에 관한 이야기 등을 자분자분 얘기해준 그녀는 우리가 미국에 도착한 이후 대학 밖에서 만난 첫 지성인이었다.

그 뿐 아니었다. 한참 만에 일어나 나가면서 찻값을 지불하려 하자 그녀는 돈을 받지 않으려 했다. 미국이 어딘가? 음식 값을 내고도 팁까지 얹어 줘야 하는 나라다. 그런데 우리와 재미있는 이야기를 나누고 난 그녀가 찻값을 받지 않겠다니! 오클라호마의 경건함과 친절함에 이미 감동받은 바 있는 우리는 거쓰리에 와서도 대접받는 기분을 가질 수 있었다. 자본주의의 천국 미국에서 공짜 커피를 마시고, 미국 친구까지 만들게 되었으니, 이만 하면 몇 배 남는 장사를 한 셈이었다. 즐거운 기분으로 거쓰리의 추억을 마음속에 담아두고, 다음을 기약하기로 했다.

66번 길의 경이로운 옛 건축물: 아카디아 라운드 반(Arcadia Round Barn)

2013년 9월 15일 일요일 오후. 66번 도로를 타고 카우보이 박물관으로부터 돌아오는 길에 들른 Arcadia Round Barn(아카디아의 둥근 곳집). 카우보이 박물관을 지도에서 확인하던 차 그로부터 가까운 곳에 이런 이름의 유적이 있음을

아카디아 라운드 반

우리는 이미 알게 되었다. 35번 하이웨이에서 66번으로 갈아타고 Arcadia 마을로 들어서자 과연 저 멀리에 둥근 돔이 보였는데, 참으로 기이한 모양이었다. 모양으로 미루어 어쩜 천문대일지도 모른다는 생각에 액셀을 눌러 밟았다. 가까이 가본 즉 천문대는 아니었고, 안을 넓게 만든 그냥 옛날 건축물이었다. 목재만으로 흡사 오늘날의 천문대처럼 둥근 건축물을 만들었다니, 경이로운 일이었다. 안에는 세계 각지의 각종 골동품들이 진열되어 있고, 늙은 판매원 하나가 앉아 있을 뿐, 특이한 모습은 없었다. 2층에 올라가 천정을 바라본 순간 숨이 턱 막혔다. 도대체 어쩌자고 딱딱한 목재를 엿가락 다루듯 구부려 이런 건축물을 만들었단 말인가.

아카디아 라운드 반의 천정

    이 건축물은 1898년 오도(William H. Odor)가 디자인하고 세웠는데, 그는 이 건축물을 세우기 위해 먼저 제재소를 건립한 뒤 가시 열매를 맺는 이 지역 토종의 상수리나무를 켜서 목재로 만들었다고 한다. 목재들을 켜자마자 아직 물기가 남아 있는 동안 굽어지도록 특별히 고안한 형틀에 묶어놓아 이 같은 모양을 잡았다는 것이다.

    사람들은 모두 말렸지만, 그는 고집스럽게 자신의 아이디어를 실행에 옮겼다. 아마도 그는 토네이도가 올 때 가축을 피신시키거나 건초를 저장하는 장소로 쓰기도 하고, 주민들이 회동하는 장소로도 쓰이게 될 것이라고 반대하는 사람들을 설득했던 것 같다. 1903년 윌리엄과 그의 부인 미라 오도는 그들의 땅 일부를 내 놓았고, 벤자민과 사라 뉴커크도 땅을 내 놓아 보탰으며, 인근의 미주리·캔자스·텍사스 주 등을 설득하여 이곳을 지나는 철로를 부설하게 했다. 그 덕에 이 지역은 주변의 도시들에 면화·농산물·가축 등을 공급하는 농

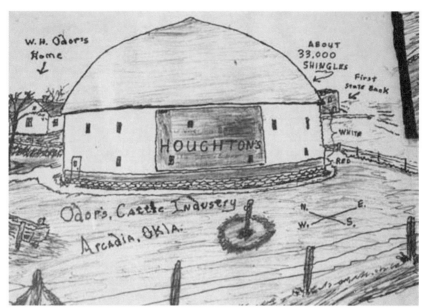

윌리엄 오도(William H. Odor)가 그린 라운드 반의 개념도

업의 중심지로 부상했고, 1920년대 후반에 66번 도로가 Round Barn의 바로 옆을 지나게 됨으로써 결국 이 건축물은 66번 도로 상의 가장 유명한 랜드마크가 된 것이었다.

그러나 세월이 흐르면서 주인이 바뀌고, 여러 번 고치는 과정에서 애당초의 완벽한 구조는 손상을 입게 되었으며, 그 원인으로 라운드 반은 아카디아 마을과 함께 몰락하게 되었다. 그러다가 몇 십 년 후인 1988년에 지름 60피트의 지붕이 무너졌는데, 추정된 보수비용만 165,000달러가 넘었다.

은퇴한 건물 거래업자 루터 로비슨과 'The Over the Hill Gang'이란 명칭의 은퇴자 그룹이 돈과 시간, 기술을 공여하여 복원에 매달렸다. 그 뿐 아니라 많은 자원봉사자들을 모집하거나 기념 벽돌을 판매하기도 하고, 길옆에 자선함을 놓아두는 한편 많은 사람들로부터 설비 혹은 노동을 기증 받음으로써 결국 이 거대한 건축물은 복원될 수 있었다.

***

짧은 역사의 미국이지만, 이런 건축물에 숨은 정신은 각별했다. 자연 재해로부터 자신들을 보호하기 위해 아이디어를 내고, 치밀하게 실행하는 모습은 오늘날의 미국을 이룬 중요한 자산일 것이다. 더구나 지금을 살고 있는 후손들이 옛 것을 아무런 생각 없이 부수지 않고 유지하려는 노력 끝에 되살린 이 건축물은 과거와 현재, 그리고 미래가 우리의 삶 속에서 부단히 이어진다는 점을 깨닫고 있다는 국민적 지혜의 증거물이었다. 66번 도로를 달리다가 뜻하지 않게 얻은 소득이었다.

박물관과 미국 역사

박물관과 미국 역사

서부 개척시대 미국의 소리: 국립 카우보이와 서부유산 박물관(The National Cowboy & Western Heritage Museum)

몇 년 전 이스라엘을 여행하면서, 성서에 '광야'로 등장하는 사막지대의 한 곳에서 키부츠들을 만났고, 그것들을 통해 그 나라의 저력을 느낀 적이 있었다. '이스라엘의 미래는 광야에 있다!'는 모토로 몸소 그곳에 들어가 사막을 옥토로 일구다가 생을 마친 초대 총리 벤구리온은 한 사람의 훌륭한 지도자가 한 나라의 흥망을 결정짓는 요인임을 보여주는 생생한 사례였다.

15년 전 캘리포니아를 비롯한 미국 서부의 유서 깊은 도시들과 사람의 손때 묻지 않은 자연을 둘러보면서 미국의 미래가 함축된 역사의 힘을 느낀 적도 있었다. 휘황찬란한 동부보다 거칠지만 힘찬 투쟁과 개척의 역사를 안고 있는 서부가 훨씬 발전적인 그들의 미래를 추동하는 기반이었다. 그러나 그 힘과 역사적 의미를 마음으로만 느낄 뿐, 손으로 만져 확인할 수 없는 것이 아쉬웠다.

우리가 답사를 지속해온 미국 중남부의 오클라호마 주. 지금의 시점에서 보면 중남부지만, 대서양을 건너온 유럽의 백인들이 '서부로! 서부로!'를 외치며 말을 타고 서쪽으로 몰려가던 당시에는 넓게 보아 이 지역 또한 서부의 일부 혹은 서부로 넘어가기 위한 징검다리쯤으로 보였으리라.

미국이 세계 최고 부자의 지위에 오르는 계기가 된 골드러쉬. 각지의 인디언들과 치열한 싸움을 벌이며 금을 찾아 서부로 몰려가던 장관(壯觀)을, 데쓰밸리(Death Valley) 등에 남아 있는 당시 금광의 유허(遺墟)들을 보며 실감할 수 있었다. 그 서부의 힘을 느낄 수 있는 역사적 시공(時空)이 바로 'The National Cowboy & Western Heritage Museum(국립 카우보이 및 서부 유산 박물관: 이하 카우보이 박물관으로 약칭)'이었다.

오클라호마 주를 남북으로 가로지르는 35번 하이웨이와 63번 시내 도로가 교차하는 지점. 기가 막히도록 절묘한 위치의 박물관이었다. 일요일 아침 일찍 스틸워터를 출발, 오클라호마 시티의 반즈앤노블 서점에 들러 주변 지역의 지도와 인디언 관련 참고서적들을 산 다음, 아름다운 숲을 끼고 달리는 63번 도로를 따라가자 산뜻한 외관의 카우보이 박물관이 나타났다.

이스라엘에 벤 구리온이란 영웅이 있어 집단농장 키부츠를 통해 광야를 생명의 공간으로 탈바꿈시켰듯, 광활한 서부를 품고 있는 미국엔 무수한 개척자들, 원주민들과 투쟁하며 서부를 활개치고 다니던 카우보이들, 그리고 그들을 알아 준 선각자 레이놀즈(Chester A. Reynolds)가 있어 미국 정신의 '모델하우스'인 카우보이 박물관이 태어날 수 있었다. 따라서 카우보이 박물관은 드넓은 황야 오클라호마의 한복판에 찍은 화룡점정(畵龍點睛)의 마침표인 셈이다.

카우보이, 보드빌(vaudeville) 연기자, 익살꾼(humorist), 사회평론가이자 영화배우였던 윌 라저스(Will Rogers)의 기념관[오클라호마 클레어모어(Claremore)시 소재]을 보고 자극을 받은 레이놀즈는 '카우보이 명예의 전당'을 세우고자 했다. "나는 항상 자신을 카우보이 · 카우보이 작가 · 카우보이 익살꾼 · 카우보이 배우 등으로 자처한 한 인물을 위해 세운 기념관을 보았는데, 그 '윌 라저스 기념관'의 내 · 외장이 나를 깊이 감동시켰다. 그 때 번개처럼 하나의 생각이 떠올랐다. 서부 건설에 크게 공헌한 많은 카우보이들 · 소몰이꾼들 · 목축업자

카우보이 박물관 입구
모습

서부영화 〈몬태나의 여걸
(Cattle Queen of Montana)〉의
포스터(카우보이 박물관)

서부개척 시대의 말과
각종 마구들(카우보이
박물관)

들은 어떤가? 왜 이 사람들을 기념하기 위한 명예의 전당은 만들지 않는가?"
라고 문제를 제기한 레이놀즈의 주장은 그 얼마나 신선한가! 특정인을 기념하
는 일도 중요하지만, 오늘의 서부를 만든 주역은 황야의 먼지와 함께 사라진
수많은 무명의 카우보이들과 개척자들이었음을 그는 간파하고 있었던 것이다.

　박물관의 건립을 위한 장정(長征)은 여기서 시작되었다. 일이 성사되기까지
많은 우여곡절들을 겪었지만, 연방정부와 의회 및 각 주정부들까지 적극 나서
는 등 거국적인 협조 아래 100만 달러 이상의 거금을 모았고, 각 지역의 경합
을 거쳐 현 위치에 멋진 건축물을 세움으로써 1965년 6월, 드디어 개관을 보게
된 것이다. 물론 이 거사의 장본인 레이놀즈는 개관을 보지 못한 채 1958년에
사망했지만, 그의 호소로 결국 힘을 합치게 된 미국은 개척시대의 꿈과 시련을
역사의 그릇에 오롯이 담아 세상 사람들에게 보여 줄 수 있었던 것이다.

　대단한 컬렉션이었다. 카우보이와 목축, 인디언의 삶에 관한 모든 것들은 물
론 수많은 서부영화들의 명장면이나 배우들이 생생하게 우리의 눈앞에 서 있
었다. 금방이라도 총을 빼고 달려들 듯한 클린트 이스트우드(Clint Eastwood)도
존 웨인(John Wayne)도 모두 이곳에선 훌륭한 컬렉션의 한 소품일 뿐이었다. 각
종 마구들, 무수한 총기들, 마차들, 인디언의 의상들과 생활용품들, 인디언 화
가의 그림들, 재현해 놓은 그 시절의 거리 등 모두 그간 이 땅에서 전개되어 온
역사를 구체적으로 보여주는 증거물들이었다.

　지금도 살아 숨 쉬는 그 증거물들을 통해 개척자들과 인디언들이 벌이던 싸
움의 현장도, 카우보이들의 힘든 삶도, 로데오 경기의 실감도 모두 미국 정신
을 이루어 낸 역사의 바탕임을 알 수 있었다. 물론 지금 미국의 주류는 개척 시
대에 원주민들을 대량으로 학살했고, 지금까지 강제이주나 보호구역 지정 등
원주민 정책으로 비판도 많이 받았지만, 어쨌든 카우보이 박물관 안에서만큼
은 그 모든 것들이 미국정신으로 용해·수렴되고 있음을 분명히 확인할 수 있
었다. 갈등과 반목을 하나로 버무려 나갈 수 있게 하는 미국의 에너지가 이곳

'국립 카우보이 및 서부지역 유산 박물관'에서 바야흐로 '맛있게' 양성(釀成)되어가고 있었다.

예술로서의 역사, 역사로서의 예술: 털사(Tulsa)의 길크리스(Gilcrease) 박물관에서 길을 잃다!

2013년 9월 21일 토요일. 아낌없이 쏟아져 내리는 햇살이 평원을 달구기 시작할 무렵, 언제부턴가 한 번쯤 가보고 싶었던 털사로 방향을 잡았다. 고작 한 시간 반 거리라곤 하지만 자동차 몇 대 다니지 않는 드넓은 길임을 감안하면 실제 거리는 우리 생각과 많이 다를지도 모른다는 생각이 들었다. 과연 맑은 공기와 화사한 햇살, 끝없이 펼쳐진 평원 위의 짙은 활엽수들이 우리를 매료시켰다. 시내에서는 조심조심하던 미국인들도

Charles Schreyvogel의 유화 〈전선을 돌파하며 (Breaking Through the Line)〉(길크리스 박물관)

가속페달을 마구 눌러 밟는 듯 412번 하이웨이에서는 거칠 것이 없었다.

이 지역에서도 유명한 박물관이 유독 많은 문화도시 털사. 그 가운데서도 우리의 첫 방문처는 인디언 관련 미술품이 가장 많이 소장되어 있다는 길크리스 박물관(Gilcrease Museum)이었다. 인디언 미술품에 대한 호기심 뿐 아니라 일생 모은 컬렉션으로 만든 박물관에 깃들어 있을, 한 인물의 정신을 느껴보고 싶다는 생각이 컸다.

호수 같은 아칸사(Arkansas) 강가의 샌드스프링스(Sandsprings)를 지나고 털사

Acee Blue Eagle 탐페라화 〈크릭족 추장들
(Creek Chiefs)〉(길크리스 박물관)

Bert G. philips의 유화작품 〈타오족 사슴 사
냥꾼(Taos Deer Hunter)〉(길크리스 박물관)

카운티 경계를 넘어 잠시 달리다가 한적한 사거리에서 좌회전하면서 '길크리스 뮤지엄 로드'로 접어들었다. 그로부터 눈 깜짝하는 사이 좌측 언덕배기에 숨듯이 앉아 있는 뮤지엄을 만났다. 주소는 '1400 North Gilcrease Museum Road'. 털사대학 소속의 박물관이었다. 널찍한 규모도 규모려니와 컬렉션의 양과 질에 놀라 자빠질 뻔 했다. 12,000점의 미술품, 300,000점의 민족지적(民族誌的)·고고학적 유물들, 100,000점의 희귀 서적과 육필 원고 등을 포함, 수를 헤아릴 수 없는 소장품들이 빽빽이 들어차 있었다. 누가 미국을 문화의 불모국이라 했던가. 유럽의 건축이나 박물관들에서 느끼는 고색창연함은 아니로되, 이곳만의 잘 보존된 예술과 문화재야말로 쉽게 측량하기 어려운 미국의 힘과 깊이를 잘 보여주는 증거들이었다.

　이 박물관은 미국의 예술과 역사를 압축적으로 보여준다는 점에서 진정한 미국 정신의 산실이었다. '미술작품으로 승화된 민족의 서사시(敍事詩, epic)' 바로 그것이었다. 그 정신의 구현을 가능케 한 것이 바로 이 박물관을 세운 토마스 길크리스(Thomas Gilcrease)라는 인물이었다. 그는 1890년 루이지애나에서 농부

Charles Banks Wilson이 그린 Thomas Gilcrease의 초상화(길크리스 박물관)

의 큰아들로 태어났다. 프랑스 계, 스코틀랜드-아일랜드 계 등으로부터 이어진 그의 부계(父系)와 달리 어머니 엘리자벳은 무스코기(Muscogee)와 크릭(Creek) 등 원주민의 피를 25%쯤 이어받은 인물이었다. 길크리스로서는 자연히 인디언에 대한 관심이나 애착심을 타고 난 셈이었다. 게다가 그가 태어난 몇 개월 후 그의 가족은 인디언 구역의 크릭 족 거주지로 이사했으니, 더욱 그럴 수밖에 없었다.

그는 물려받은 13%의 크릭 족 피 덕분에 엄청난 땅을 받게 되었는데, 그 가운데는 털사 남쪽 20마일의 160에이커에 달하는 땅도 있었다. 1908년 인디언인 오세이지 족 출신의 벨레(Belle Harlow)와 결혼해서 두 아이를 둔 그는 1912년부터 미술품을 사들이기 시작했다. 그로부터 잠시 후 지금의 길크리스 박물관의 중심이 되는 주택을 사들였고, 1922년에는 길크리스 석유회사를 세웠으며, 1941년 곳간과 차고를 예술품 수장고로 리모델링함으로써 길크리스 뮤지엄의 뿌리가 생겨나게 되었다.

1947년 뉴욕의 수집가 질레트(Gillette Cole) 박사로부터 엄청난 컬렉션을 통째로 사들이면서 미술가이자 건축가인 알렉산더 호그(Alexander Hogue)를 고용하여 뮤지엄을 설계하고 그의 소장품들을 전시하게 했으며, 결국 1949년에 '미국의 역사와 예술에 관한 토마스 길크리스 연구소'를 세우게 되었다. 그 후 여러 단계의 복잡한 과정을 거쳐 1958년 길크리스 재단은 뮤지엄의 건물과 땅을 털사 시티에 기증했고, 결국 길크리스 뮤지엄은 본격적인 출발을 보게 된 것이다.

뻐근한 다리를 끌다시피하며 뮤지엄을 돌아보고 나오면서 그가 1949년에 붙였다는 '미국의 역사와 예술에 관한 토마스 길크리스 연구소'란 이름이야말로 이 뮤지엄의 본질을 정확히 드러내고 있음을 알게 되었다. 우리가 주마간산(走馬看山) 격으로 일별한 많은 작품들은 대부분 실제 삶을 그려낸 극사실주의 미학의 소산들이었다. 지난주에 들른 오클라호마시티의 '카우보이 박물관'에서는 인디언들과 카우보이들의 발밑에서 튀어나온 삶의 파편들을 감상했으나, 지금 이곳 털사의 길크리스 뮤지엄에서 확인한 것은 예술가들의 해석을 거친, 완성된 삶의 모습들이었다.

***

아, 해는 짧고 힘은 달리는데 촘촘하게도 짜여 있는 이 역사와 예술의 숲을 어찌 헤쳐 나갈까? 미국 서부의 역사적 · 예술적 보물로 가득 찬 길크리스 뮤지엄을 머리와 가슴에 넣으려면 어떻게 해야 하는가? 이국의 나그네들에게 한없이 너그럽기도 하고, 한없이 무정하기도 한 길크리스 박물관이었다.

인간의 악마성을 깨우쳐 준 공간: 오클라호마 시 메모리얼 뮤지엄(Oklahoma City National Memorial & Museum)

인간은 착한 존재인가, 아니면 악한 존재인가. 동 · 서양의 철학자들이 오랜 세월 궁리해왔지만, 앞으로도 쉽게 결론 날 문제는 아니다. 성선설을 주장한 학자나 성악설을 주장한 학자나 아무리 복잡한 논리들을 늘어놓았어도 모두 경험의 한계를 벗어나지 못했다는 의혹에서 자유롭지 못하다. 이 경우 공자의 말씀(子曰 性相近也 習相遠也: 공자 말씀하시되 본성은 서로 비슷하나 익혀 얻게 되는 성품은 서로 멀어지게 된다/『논어』 「양화」 제2장)에서나 어떤 해결의 단서를 찾을 수 있을까.

그렇다. 인간의 본성이 악한지 선한지 구분하는 것 자체가 부질없는 일일 것이다. 다만, 태어나 살아가면서 어떤 상황에 놓이느냐에 따라 다른 길을 가는 것 뿐 아니겠는가. 다만 착한 쪽으로 방향을 틀 경우는 대개 그 정도에 한계가

오클라호마 시 국립 메모리얼 뮤지엄(Oklahoma City National Memorial & Museum)

있으나, 악한 쪽으로 방향을 틀 경우 그 끝을 헤아릴 수 없고, 진행 양상 또한 극적이다. 그래서 고금의 많은 문학가들이 소설이나 영화를 통해 인간의 악마성을 그려내고자 노력해온 것이리라.

얼마 전부터 '오클라호마에 왔으니 메모리얼 뮤지엄은 보아야 할 것'이라고 어느 지인이 권유하곤 했다. 18년 전에 뉴스를 보며 '끔찍한 사건'이란 생각은 했으면서도 실감이 안 나 그냥 들어 넘기고 만 셈인데, 이제 그 현장에 온 만큼 안 볼 수는 없는 일. 더구나 훨씬 규모가 크고 끔찍했던 2001년의 '9·11 테러'로 치를 떨었던 만큼, 인간 악마성의 한계를 현장에서 느껴보고 싶었다.

이런 사건이 터지면 흔히 용의선상에 오르곤 하던 이슬람 테러단체 아닌 미국인들이 자국민을 상대로 테러를 벌였다는 점을 누군들 쉽게 이해하겠는가. 1995년 4월 19일 오전 9시 5분. 트럭에 실려 온 2,000kg 이상의 폭발물이 터져 오클라호마의 연방청사는 처참하게 망가졌고, 보육원 어린이 상당수를 포함 168명 사망에 600여명의 부상자가 생겨났다. 사망하거나 부상당한 연방청사의 공무원들, 어린이들, 일반인들 모두 테러범들과는 이해관계가 전혀 없는 사람들이었다. 평소 일면식도 없었을 이들에게 엄청난 규모의 폭탄 테러를 가한 이유는 대체 무엇이었을까.

주범인 중산층 출신의 걸프전 참전용사 티모시 맥베이(Timothy McVeigh, 1968–2001)와 종범인 테리 니콜스(Terry Nichols, 1955~)는 둘 다 미시간에 근거를 둔 급진 우익 서바이벌 그룹(survival group)의 멤버들이었다. 서바이벌 그룹이란 자신이나 자신의 그룹(혹은 국가)이 살아남아야 한다는 신념으로 '무슨 짓이든' 저지르는 미치광이 집단이다. 이들의 광기 앞에는 망상을 바탕으로 한 테러나 무차별의 증오만이 있을 뿐, 상식이나 이성은 있을 수 없었다. 18년이 지난 지금까지 사건의 전말은 석연하게 밝혀지지 않았지만, 앞으로도 계속 미국사회가 이런 어처구니없는 테러의 무대가 될 수밖에 없다는 암울한 전망을 갖게 한 사건이었다.

사실 우리 같으면 빨리 그 악몽에서 벗어나기 위해 순식간에 잔해들을 치우고, 그 자리에 보란 듯이 번쩍번쩍 빛나는 새 건물을 세웠을 것이다. 그리고 잠깐 뒤면 새 건물에서 일을 보는 사람들이나 그곳을 드나드는 사람들은 언제 그런 일이 일어났었느냐는 듯 태평해져 있었을 것이다. 그런데, 미국인들은 그렇지 않았다. 모조리 사라진 건물터엔 희생자들의 공동묘지와 기념물을 만들어 놓았고, 위에서 아래로 $\frac{1}{3}$가량 파손된 건물을 세심하게 수습한 뒤 박물관으로 재생시켜 놓은 것이었다. 사건 직전부터 발발, 수습에 이르기까지의 시간대 별 전 과정과 내용, 범인의 체포와 형 집행 등 사건 처리 과정, 희생자들의 신원 및 제반 관련 정보들, 시민들과 전 세계인들의 반응, 국가의 대응 등 사건과 관련하여 동원할 수 있는 모든 것들이 일목요연하게 전시되어 있었다. 뿐만 아니라 폭발의 위력에 깨지고 부서진 시멘트 벽, 엿가락처럼 구부러진 각종 철 구조물들, 소방관들의 희생적인 구조 활동, 구조견의 대견한 활약상, 상태가 심한 부상자들을 구조하다가 정작 자신은 숨을 거둔 민간인 부상자들의 영웅적

최악의 테러사건에 눈물을 흘리는 예수님(박물관에서 대각선 방향 건너편 코너에 있음)

테러 직후의 처참한 모습

구조대원으로부터 넘겨받은 아기를 안고있는 소방
대원. 이 아기는 병원으로 옮겨졌으나, 곧 숨졌음

박물관 내부 벽면을 가득 메운 희생자들

활동, 시민들의 자발적 구조 활동 참여 등 가슴을 뭉클하게 만드는 '교육의 현장'이었다.

미국인들, 아니 이곳을 방문한 세계인들은 다음과 같이 말하고 있었다.

> "우리는 죽은 이들을, 살아남은 이들을, 그리고 삶이 영원히 변해버린 이들을 기억하기 위해 여기에 왔다. 이곳을 보고 떠나는 모든 이들은 폭력의 충격을 잘 알게 되었다. 부디 이 기념관이 평안을, 강건함을, 평화를, 희망을, 그리고 평온함을 주기를…"

이라고.

***

부끄러운 테러, 혹은 비극적 참상을 '교육의 현장'으로 바꿔놓을 줄 안다는 점에서 참으로 위대한 미국인들이었다. 이곳을 끊임없이 찾아와 그 때의 충격을 느끼며 자손들에게 테러의 죄악을 교육하고 있는 미국인들의 모습은 지금도 여전했다. 그 뿐 아니다. 보존된 현장을 바탕으로 밝혀지지 않은 진실을 찾기 위해 노력 중이라는 그들의 말에 나는 할 말을 잊고 말았다. 우리가 만약 무너진 삼풍 아파트를, 다리의 상판이 떨어져 내려앉은 성수대교를 그대로 보존하여 반성과 경각(警覺)의 자료로 삼을 수 있었다면, 그토록 비통한 세월호 사건도 발생하지 않았을 것이다. 오히려 지금쯤 우리는 선진국 대열의 앞자리에 앉아 있을지도 모르는 일 아닌가. 같은 잘못을 반복하지 않으려면, 잘못의 현장을 액면 그대로 보여주며 깨우쳐야 한다. 잘못을 반복하는 것은 역사의 부조리로부터 아무것도 배우지 못했기 때문이고, 그것은 국가를 운영하는 사람들의 무지와 짧은 생각으로부터 생겨나는 비극이다. 이제 우리도 큰 사건의 현장은 오래 보존하여 후세를 위한 교육의 자료로 삼아야 할 때다.

오클라호마 밖의 박물관: 예술과 역사의 도시 산타페와 박물관들

오클라호마를 벗어나 텍사스를 거쳐 뉴멕시코 주에 들어온 우리는 산타페의 구 시가지를 답사했고, 구시가지 한켠에서 숙박도 했다. 구 시가지는 산타페 광장을 중심으로 방사상의 구조로 이루어져 있었다. 관광 비수기라서인지 광장은 홈리스들의 차지였고, 멀쩡하게 생긴 성인 남자들도 당당하게 한 푼을 구걸하면서 달라붙곤 하는 공간이었다. 그러나 이곳에 자리잡은 상당수의 성당이나 교회들은 물론 박물관들도, 시 청사도, 숙박업소도, 선물가게도, 화랑도, 레스토랑도 대부분 어도비 양식의 대단한

보물급들이었다. 볼그레하고 따스한 어도비 건축물들이 우리의 마음까지 따스하게 만드는 곳이 산타페임을, 걷는 동안 우리는 느껴 알 수 있었다.

올디스트 하우스(Oldest House)도 그냥 지나칠 수 없는 명소였고, 아침에 찾아간 앤틱 선물가게 또한 안팎이 예술로 뒤덮인 아름다움의 덩어리였다. 올디스트 하우스는 말 그대로 이 지역 뿐 아니라 미국에

올디스트 하우스에 걸린 팻말들

올디스트 하우스 내부에 마련된 작은 예배실

서 가장 오래 된 집으로 추정되는 건물이었다. 1598년 후안 데 오네이트(Juan de Onate)의 인도 아래 첫 스페인 정착자들과 함께 멕시코로부터 틀락스깔란(Tlaxcalans) 인디언들이 들어와 산타페 강 위쪽의 고원에 정착했다. 그들의 집 가운데 하나로 보이는 것이 바로 이 건물이다. 건물 속에 박힌 나무들의 나이테로 미루어 이 집은 약 1650년대에 지어진 것으로 보이는데, 집의 구조로 보아서는 훨씬 더 오래 전인 1200년대로 거슬러 올라간다고 추정하는 사람도 있다고 한다. 어쨌든 이 집은 버려진 고대 푸에블로인들의 정착지 폐허 위에 지어졌음이 분명했다. 비좁고 불편해 보이긴 했으나, 당시의 방식대로 조촐하게 살림을 꾸리며 행복을 일궈나간 가족들의 모습을 상상할 수 있었다. 머리를 숙이고 다녀야 할 만큼 낮았으나, 작은 거실과 예배실·식당·창고·농기구, 그리고 밝은 빛을 들이기 위한 창 등 기본적인 삶을 영위할 수 있도록 갖출 건 다 갖추고 있었다. 올디스트 하우스는 말하자면 생생하게 살아 있는 '새로운 개념의 열린 박물관'이었다.

올디스트 하우스를 나와 '뉴멕시코 미술박물관(New Mexico Museum of Art)' 가는 길엔 골동품이나 장식품들을 파는 가게들이 더러 있어 눈으로나마 산타페 시민들의 잔잔한 생활미학을 느껴볼 수 있었다. 산타페가 뉴멕시코에서 66번

골동품상 뜰에 놓여있는 〈공부하는 아이〉상　　　골동품상의 뜰에서 만난 〈긴 뿔 들소 모자〉상

도로의 핵심적 경유지임과 이곳이 미국 교통의 요지였다는 사실을 알려주는 표지도 만나는 등 길에 설치된 대부분의 표지들이 예술작품이었고, 역사의 알림판이기도 했다.

　그렇게 느릿느릿 걸어 개관시간인 오전 10시까지 '뉴멕시코 미술박물관'에 도착할 수 있었다. 어도비 양식으로 지어진 박물관은 외관만큼이나 내부 또한 아름다웠다. 원래 '창작미술 박물관'으로 불리던 뉴멕시코 미술박물관은 이 지역에서 가장 오래된 박물관으로서, 산타페에 있는 네 개의 '국영 박물관들' 가운데 하나이자 뉴멕시코 주 문화부에 의해 관리되는 여덟 개의 박물관들 가운데 하나이기도 했다. 아이삭 랩(Issac Rap)이 설계하여 1917년 건립된, 어도비 양식의 이 박물관은 원주민과 스페인의 설계양식이 섞여 이루어진 가장 유명한 건축물들 가운데 하나로 인정받고 있었다. 이 박물관은 다량의 미술품들을 영구 소장하고 있을 뿐 아니라 전통미술과 현대미술작품들, 지역 예술품과 전국 혹은 세계 여러 나라의 미술작품들을 교체 전시하고 있기도 했다.
　마침 르네상스부터 고야(Goya)에 이르는 시기의 스페인 미술품들이 특별 전시되고 있었다(Renaissance to Goya: prints and drawings from Spain). 대부분 소품들이었지만, 2013년 12월 14일부터 2014년 3월 9일까지 3개월 간 열리는 이 특별전이야말로 산타페의 예술적 향취를 더해주는 특별 이벤트였다. 아직도 스페인 문화나 멕시코 문화의 잔영이 지역 곳곳에 산재되어 있는 이 도시에 들렀다가 우연히 고야 같은 대가의 미술품들을 무더기로 친견하게 된 것이 우리로서는 사실 분에 넘치는 호사였다. 직접 스페인에 가지 않고서야 그토록 많은 고야의 작품들을 어디에서 볼 수 있겠는가.

이 박물관은 엄청난 컬렉션들을 보유하고 있었다. 지난 100년 동안 활동해온 타오(Taos) 및 산타페 지역 미술 창작 집단의 작품으로부터 이 지역 혹은 세계 최첨단의 현대예술 작품들까지 두루 소장하고 있었다. 박물관에 갖추어진 2만여 점의 작품들 가운데 가장 두드러진 것들은 '로스 싱코 삔또레스(Los Cinco Pintores)' 즉 다섯 명의 화가들(The Five Painters)이 남긴 작품들, 타오 미술창작집단(The Taos Society of Artists)의 작품들, 구스타브 바우만(Gustave Baumann)의 컬렉션, 루시 리파드(Lucy Lippard)의 컬렉션, 오키프(Georgia O'Keeffe)의 미술품 컬렉션 등을 포함한 창작 미술품들과, 여성 사진작가들의 작품을 모은 제인 리스 바우만(Jane Reese Baumann)의 컬렉션을 포함한 주요 미국인 작가들의 사진작품, 비디오 장치를 포함한 뉴미디어 등으로 구성되어 있었다.

이 가운데 가장 두드러진 것이 1921년에 결성된 '로스 싱코 삔또레스'. 윌 슈스터(Will Shuster), 프레몬트 엘리스(Fremont Ellis), 월터 므룩(Walter Mruk), 죠지프 바코스(Jozef Bakos), 윌라드 내쉬(Willard Nash) 등 다섯 명의 화가가 그 멤버들인데, 그 해 12월 뉴멕시코 미술박물관은 그들의 작품을 함께 묶어 첫 전시회를 열었다. 다섯 사람은 모두 30세 이하의 젊은 예술가들로서 산타페의 신예들이었다. 이들은 그로부터 '싱코 삔또레스'로 불리면서 이 지역의 창작미술을 대표해왔고, 그 산파역을 한 것이 바로 이 박물관이었다. 산타페 시내를 배회하다 보면 멋지게 꾸민 화랑들을 심심치 않게 만나게 되는데, 이 박물관과 함께 이 지역 창작미술 활성화의 주역들이었다. 산타페가 예술품 거래의 양으로

뉴멕시코 미술 박물관

R. C. Gorman의 청동상 〈앉아있는 나바호 여인〉상
(뉴멕시코 미술 박물관)

Will Shuster의 프레스코화 〈밀을 까부르며
(Winnowing Wheat)〉(뉴멕시코 미술 박물관)

마차 및 마구들(뉴멕시코 역사박물관)

미국 전역에서 3위 안에 드는 도시임을 감안하면, 그런 배경은 충분히 이해할
만 했다.

　뉴멕시코 미술 박물관을 나온 우리는 건너편에 있는 '뉴멕시코 역사박물관
(New Mexico History Museum)'을 찾았다. 우리가 '뉴멕시코 미술 박물관'을 거쳐
왔다고 하자, 입구의 직원은 입장료를 할인해주며 '하나의 입장권으로 이 박물
관과 주지사궁(Palace of the Governors)을 모두 볼 수 있다'고 말했다. 주지사 궁
은 산타페 광장의 팰리스 애비뉴에 위치하고 있었다. '산타페 역사구(Santa Fe
Historic District)' 안에 있는 주지사 궁은 수 세기 동안 뉴멕시코 주 정부의 중심
건물로서 미국의 가장 오래 된 공공건물이었다.

　'페드로 데 페랄타(Pedro de Pralta)'는 미국 남서부의 대부분을 지배하던 스페
인 영토에 새로 임명된 주지사인데, 그가 바로 1610년에 이 건물의 건축을 시
작한 것이었다. 그 뒤 뉴멕시코의 지배자가 여러 번 바뀌는 과정에서 이 궁의

예수고상 및 이콘(icon)들(산타페 주지사 궁)

소유권도 함께 넘어갔다. 1680년 푸에블로 반란 이후, 또한 1693년에서 1694년까지 스페인이 이곳을 재정복함으로써 내내 스페인 소유로 있었고, 1821년 멕시코가 독립함으로써 멕시코 소유가 되었다가, 마지막으로 1848년 미국의 소유로 넘어간 것이다. 처음에 이 궁은 한 때 오늘날의 텍사스, 애리조나, 유타, 콜로라도, 네바다, 캘리포니아, 뉴멕시코를 포함한 스페인의 '뉴멕시코(Nuevo Mexico) 식민지' 정부가 들어 있던 건물이다. 멕시코 독립전쟁 이후 뉴멕시코의 산타페 지역은 주지사 궁에서 관리되어 왔으나, 뉴멕시코가 미국 땅으로 합병되면서 뉴멕시코의 첫 지역 의회 의사당으로 바뀌었다고 한다.

뉴멕시코 주 의회가 뉴멕시코 박물관을 세운 1909년에서 2009년까지 주지사 궁은 주 역사 박물관 역할을 하게 되었다. 2009년 주지사 궁 옆에 문을 연 뉴멕시코 역사박물관은 뉴멕시코 주 문화부가 관리하는 아홉 개의 뮤지엄들 가운데 하나다. 우리가 역사박물관을 보고 자연스럽게 주지사 궁으로 이동하게 된 것도 바로 그 때문이었다. 역사박물관에는 뉴멕시코 지역의 생활사 및 자연사

자료들이, 주지사 궁에는 역대 주지사들과 관련한 지배 주체의 변천 자료 등 정치사 관련 유물들과 각종 성화·성구 등 가톨릭 관련 유물들이 풍부하게 전시되어 있었다. 다만 아직 충분한 컬렉션들을 확보하지 못했다는 느낌을 받은 전자와 달리 후자에는 양적으로 풍부하고 질적으로도 뛰어난 자료들이 많이 전시되어 있어 미국의 다른 지역에서 만날 수 없는 이 지역만의 종교적 특성을 분명히 인지할 수 있었다.

산타페에는 이 두 박물관 외에도 '죠지아 오키프 박물관(The Georgia O'Keeffe Museum), 아메리카 인디언 박물관 연구소(The Institute of American Indian Museum), 인디언 예술 문화 박물관(The Museum of Indian Arts and Cultures), 국제 민속 예술 박물관(The Museum of International Folk Arts)' 등 뛰어난 박물관들이 있었다. 물론 컨셉이나 소장품들의 성격상 겹치는 것들도 적지 않겠지만, 사실은 다 보는 것이 바람직한 일이었다. 그러나 갈 길이 바쁜 나그네에게 이들 모두를 둘러보는 것은 벅찬 일이었다. 어디 '국 맛을 알기 위해 한 솥의 국을 모두 마셔야 하는가?' 우리는 미련을 떨쳐 버리기 위해 점심을 먹는 둥 마는 둥 하고 산타페로부터 벗어나는 길을 재촉할 수밖에 없었다. 여러 번 주인이 바뀐, 무상한 역사의 도시이자 치밀한 계획도시이며 아름다운 어도비 건축물의 도시 산타페는 간단치 않은 역사와 두꺼운 예술의 적층(積層)을 토대로 한 현대판 이상향이었다. 어느 언론매체의 조사 결과처럼, 가장 인기 있는 예술의 도시이자 은퇴 후 숨어 살기 좋은 전원도시가 바로 이곳이라고 하지 않는가.

열정과 도전의 대학인들

열정과 도전의 대학인들

미국의 중남부에서 아시아 역사를 가르치는 젊은 학자: 용타오 두(Yongtao Du/杜勇濤) 교수

나그네가 되어 보면 안다. 만날 사람은 많으나 반겨 주는 사람이 귀하다는 것을. 그래서 객지살이를 경험해본 사람만이 객지살이의 어려움을 알고, 객지에 나온 사람 도울 줄을 안다. 물론 객지살이를 경험했다고 모두 어려운 이들을 돕는 것은 아니다. 무엇보다 따뜻한 마음을 지녀야 하고, 돌고 도는 게 세상의 이치임을 헤아릴 줄 아는 지혜가 있어야 하는데, 그런 마음과 지혜를 갖기란 쉽지 않기 때문이다. 마찬가지로 배고픈 경험을 한 사람만이 배고픈 설움을 안다. 그렇다고 배고팠다가 부자가 된 사람 모두가 배고픈 사람들을 돕는 것은 아니다. 어려운 사람의 처지를 자신의 것으로 바꿔 볼 줄 아는 따스함과 여유, 즉 역지사지(易地思之)의 어진 마음을 지닌 사람만이 이런 선행을 실천할 수 있다. 아무나 나그네를 반겨하고 도와줄 수 있는 게 아니다.

***

초행길의 오클라호마 공항에 내렸다. 학과 비서 수잔이 보낸 이메일에 Dr. Du가 픽업 나온다고는 했으되, 2시간 가까이 걸리는 공항으로 픽업을 내 보낼 정도면 '그저 갓 박사학위를 받은 젊은 강사쯤이겠지' 지레 생각하고 애당초 OSU의 사이트에 들어가 그가 누구인지 검색해볼 생각조차 하지 않았다.

약속 시간을 넘겨가며 30분쯤이나 공항 안에서 헤맨 뒤에 만난 그는 젊은 중국인이었다. 다행히 중국사, 동양사, 혹은 아세아 문화라는 공통의 관심사를 갖고 있기에 차를 타고 이동하는 1시간 남짓 동안 우린 많은 이야기들을 나눌 수 있었다. 그는 내가 추정한 것처럼 '갓 박사학위를 받은 강사'가 아니었다. 이 대학에서 '동양문명 연구', '동아시아', '역사학 주제론', '세계사 읽기 세미나' 등을 강의하고 있는 '어엿한 부교수'였다.

물론 학과장은 내가 한국인임을 감안하여 중국인인 그에게 픽업을 부탁했을 것이다. 그 부탁을 받은 그는 귀찮은 티 한 점 안 내비치고 직접 차를 몰아 그 먼 길을 달려온 것이었다. 한동안 말을 나누다 보니 우리는 통하는 게 많았다. 사실 우리는 중국에 대하여 그리 호의를 갖고 있지 않았고 특히 동북공정 등으로 양국의 역사학계가 첨예하게 대립하고 있지만, 미국이라는 바다에서 만난 그 순간 우리는 중국식 표현으로 이미 '라오 펑여우(老朋友)'가 되어 있었다.

스틸워터에 도착한 뒤 그는 부인까지 불러내 우리를 중국음식점으로 데려갔다. 같은 중국인으로서 텍사스의 한 대학에서 교편을 잡고 있는 그의 부인은 또 얼마나 아름답고 참한가. 시차에 시달리고 16시간이 넘는 먼 비행길에 지친 탓에 입맛은 썼지만, 미국식으로 달고 짜게 변한 중국음식을 그리도 맛있게 먹으며 우리에게 권하는 두 교수 부부의 은근한 정을 반찬 삼아 맛있게 먹을 수밖에 없었다.

그 다음날부터 자주 우리의 숙소로 찾아와 부족한 게 없는지 살펴주는 그 부부의 정성이 참으로 감동적이었다. 나 혼자 조용히 생각해 보았다. 중국 땅에서 학부를 마치고 석사와 박사 과정으로 유학 나온 그가 아닌가. 낯도 설고 말도 선 이국땅에서 얼마나 외롭고 고단했을 것인가. 어쩌면 그런 경험이 바로 우리를 바라보며 '역지사지'의 동정심으로 우러난 게 아니었을까. 물론 앞에서 말한 대로 아무리 그런 경험을 갖고 있다 해도 원래 따뜻한 마음이 없다면 불가능한 일이었겠지만. 우리는 이곳 오클라호마의 한촌(寒村/閑村) 스틸워터에 와서 생각지 않았던 '사람들'을 얻기 시작한 셈이었다.

연구실에서, 두 교수

한국인인 우리는 젊은 그를 아시아식으로 '두 교수'라 불렀지만, 미국의 교수들과 학생들은 '용타오'라 불렀다. 그의 중국 이름은 '두용도(杜勇濤)'. 그의 출생지인 중국 화중(華中) 지역의 하남성(河南省)은 중원문화의 발상지로서 빛나는 인물들이 배출된 곳이다. 도가(道家)의 시조 노자(老子), 동한(東漢) 시절의 과학자 장형(張衡), 당송팔대가 중에서 첫 손가락으로 꼽히는 문장가 한유(韓愈), 『대당서역기(大唐西域記)』의 저자인 승려 현장(玄奘), 남송의 영웅 악비(岳飛) 등등. 그러나 무엇보다 당나라의 큰 시인 두보(杜甫)를 빼놓을 수 없으니, 두 교수야말로 바로 그 두보의 후예 아닌가.

OSU 역사학과의 유일한 동양인 전임교수인 그는 작은 키로 늘 '통통통' 연구실과 강의실을 오가며 분주하게 지내고 있었다. 그는 하남대학교(Henan Univ.)에서 학사학위를, 베이징 대학교에서 석사학위를, 일리노이 대학교(University of Illinois at Urbana-Champaign)에서 박사학위를 받은 다음, 일리노이 대학교와 와쉬번 대학교(Washburn Univ.)에서 강의를 하다가 2009년부터 이곳 OSU의 역사학과로 옮겨 재직하는 중이었다.

"부의 교훈: 명나라 말기 혜주(惠州)의 상업문화와 지방주의", "초지방적(超地方的) 혈통과 고향 애착의 로만스", "경쟁적 공간 질서: 명나라 말기의 상업

지리학" 등 탁월성과 독창성을 보여주는 논문들을 발표했고, '하바드 옌칭의 논문 작성을 위한 현장 연구 지원', '탁월한 지리학사(地理學史) 학자에게 수여하는 리스토우 상', '리칭 학술상' 등 여러 번의 학술상과 연구지원의 수혜를 받아온, 촉망받는 신진학자가 바로 그였다. 미국의 여타 지역들과 중국을 오가며 부지런히 논문을 발표하는 그의 모습이 돋보였다. 중국 역사 뿐 아니라 한국과 일본 역사에 대한 탐구를 계속하면서 동양에 관한 미국 학생들의 호기심을 자극하고 있는 점도 좋아보였다.

미국 도착 뒤 시차적응도 되지 않은 나에게 그는 한국사에 대한 물음들을 끊임없이 던졌다. 신라의 왕통, 삼국 간 정치제도의 차이, 왕건의 출신, 문벌귀족, 양반, 본관 제도 등등. 사실 나로서도 공부를 하지 않으면 즉석에서 답하기 어려운 질문들을 쉼 없이 건네는 그였다. 자신의 전공인 중국사를 제대로 공부하기 위해서라도 주변국의 역사를 알아야겠다고 말하는 그는 그간 한국인이나 일본인을 만나지 못함으로써 겪을 수밖에 없던 자신의 지적 갈증을 나를 만나면서 풀어내려는 것 같았다.

우리는 잠깐씩 수시로 만나면서 '한-중-미'의 역사적 접촉과 현실을 논하는 사이가 되었다. 나는 중국말을 한 마디도 못하고 그 또한 한국말을 한 마디도 못했지만, 고맙게도 영어가 우리 사이의 간격을 메워주었다. 그러다가 갈증이 도지면 서로가 알고 있는 한시들을 써 보여주며 정서적 공감대를 확인했을 뿐 아니라, 근대 이전 동아시아에 정착되어 있던 '중세적 보편주의'의 실체와 힘을 확인할 수도 있었으니, 제대로 쓰인 역사에 대하여 무한한 신뢰를 갖고 있던 내게는 실로 감동적인 체험이었다. 조선과 중국의 지식인들이 북경의 유리창이나 그들의 사저(私邸)에서 필담으로 교유하던 그 시절의 광경을 우리 또한 제3국 미국의 한 구석에서 제법 재현한 셈이니, 참으로 희귀한 일 아닌가.

중국인인 그에게 나는 '중화주의(中華主義, Sinocentrism)'의 협소함에서 벗어나라는 주문을 누차 건넸고, 그 역시 '중국의 문화와 사상에 자부심을 갖고 마오쩌둥을 좋아하지만, 미래지향적 행동지표로서의 글로벌리즘을 잊지 않고 있다'는 말로 화답하곤 했다. 학문의 바다 미국에서 머지않아 그는 아시아사의 최고 전문가로 성장할 것이고, 민족주의의 편협한 굴레에서 벗어나 완벽하게 균형 잡힌 '미래의 지식인'으로 확고하게 자리 잡게 되리라는 믿음을 갖게 된 점은 무엇보다 큰 수확이었다.

학자와 목자의 삶: 한인 교수 장영배 박사

미국에 도착한 지 3주가 다 되어가던 어느 날. 한국에서부터 읽기 시작한 박계영(Kye-Young Park)의 책 『The Korean American Dream』을 드디어 다 읽어 내게 되었다. 마지막 장을 덮고 나자 그가 만들어 사용한 어구 하나가 '뽕!' 하고 떠올라 눈앞에서 아른거렸다. 바로 'anjŏng ideology'란 말. 그는 그 말의 동의어로 'Establishment·Security·Stability' 등을 제시했다. 그것들은 '(생활기반의) 구축·안전·(지속적) 안정성' 쯤으로 번역될 수 있으리라. 말하자면 미국으로 이민 온 한국인들이 추구하는 '안정 이데올로기'란 바로 '먹고 사는 방도의 모색, 각종 위해(危害)나 병으로부터 자신과 가족을 지키는 일, 외부의 충격이나 환경의 변화에도 흔들림 없는 기득권의 지속성' 등 아메리칸 드림의 핵심이라는 뜻일 것이다.

그러나 이게 어찌 이민들에게서 비로소 시작된 정신이랴? 까마득한 옛날 우리의 조상들은 거친 황야와 강줄기들을 넘어가며 '해가 뜨는 동쪽'으로 이동해 왔고, 드디어 한반도에 정착함으로써 정착민으로서의 '안정 이데올로기'를 추구해온 것 아닌가. 그러니 어딜 가나 한 곳에 뿌리박고 '편안한 삶'을 추구하는 생활 습관은 조상 때부터 시작되어 오늘날의 한국인들에게 일종의 이데올로기로 굳어졌다고 봐야 한다.

남의 땅에서 아예 뿌리박기로 작정하고 떠나 온 이민들 뿐 아니라 우리처럼 단 몇 개월 혹은 1년 동안 머물려고 이 땅에 온 사람들에게도 '안정 이데올로 기'는 무엇보다 중요한 삶의 철학이다. 더구나 단 시간 내 '안정 이데올로기'를 구현해야 하는 단기 체류자들로서는 도착하자마자 시차 적응을 못 해 휘청거리면서도 '안정'을 추구하기 위해 백방으로 뛸 수밖에 없는 노릇이다.

15년 전의 경험으로 미루어, 안정적인 주거, 이동 및 통신수단의 확보 등은 미국 생활에서 가장 긴요하면서도 쉽지 않은 일이었다. 그나마 한국인들이 많아서 한 다리 건너면 아는 사람들이 있는 LA와 달리 드넓은 평원 오클라호마의 스틸워터에서 도움을 줄 한국인을 만나기란 쉽지 않았다.

시차로 비몽사몽 하루 이틀 지내면서 우리는 점점 한계에 가까워지기 시작했다. 한국에서 가져 온 비상식량도 밑바닥을 보이기 시작했고, 무엇보다 40도에 육박하는 햇살 아래 걸어 다니면서 무언가를 해결하기가 불가능했다. 그래서 예전에 연락을 주고 받았던 OSU의 학생 브라이언에게 이메일을 보냈고, 그의 답장 속에 언급된 교수들 가운데 한 분인 '장영배 교수(OSU 기계공학과)'를 찍어 전화를 걸었다.

간단히 내 소개를 하고나자 그 분이 대뜸 '내가 연락을 해야 하는데, 먼저 연락 주셔서 고맙다'고 말씀하시는 게 아닌가. 재미한인들의 상위 1%안에서도 최상위에 위치하는 성공적인 직종이 전문직, 그 가운데서도 두드러지는 사람들이 미국 대학의 종신교수들이다. 미국에 온 한국인들로부터 연락 받기를 꺼려하는 사람들이 대개 미국 대학의 한인 교수들이라는 어떤 선배의 귀띔을 기억하고 있던 터라, 내 스스로 그 분들에게 연락하기를 꺼려하고 있었다. 그래서 좀 어안이 벙벙했던 것이 사실이다. 그러나 그 통화를 시작으로 장 교수는 기꺼이 나서서 우리의 정착을 돕기 시작했다. 장 교수는 부인과 함께 우리를

장 교수 댁 앞에서

멋진 호숫가의 레스토랑으로 초대하여 점심을 대접해 주셨을 뿐 아니라 수시로 차를 몰고 와서 우리의 시장보기를 도와주었고, 우리는 그 분의 소개를 통해 알게 된 한국인 학생의 도움으로 전화를 개통했으며, 결국 몸소 우리를 차에 태우고 에드몬드 시에 가서 자동차를 살 수 있도록 도와주심으로써 정착의 대미를 장식하게 되었다.

그 분의 도움으로 자동차를 사는 과정에서 우리는 참 많을 것을 배우게 되었다. 나 같으면 대충 후보차종을 고른 다음 '이 차 사는 게 어때요?'라고 권할 법한데, 그 분은 그러지 않았다. 우선 우리로 하여금 몇몇 사이트들을 통해 후보차종을 몇 개 고르고 조건들을 모두 확인하도록 한 다음, 다시 각종 사이트들을 알려 주면서 여러 가지 지표들을 바탕으로 그것들을 세밀히 비교하게 했다. 그런 다음 각 차종의 문제점들이 보고되어 있는 다른 사이트를 통해 해당 차종들을 또 한 번 스크린하게 했다. 그 과정에서 '섣불리 결정하지 마세요'라는 충고를 빈번히 건네는 것이었다. 내 스스로 차를 사게 한 것은 물론 보험사까지 꼼꼼하게 챙겨준 장영배 교수였다. 그 과정에서 성미 급한 나로서는 약간 답답하기도 했지만, 참으로 귀한 가르침이었음을 나중에서야 깨닫게 되었다. 그 가르침이 단순히 차를 구입하는 일에만 국한되는 것이 아니고 인생사 자체의 소중한 지표가 될 수도 있음을 알게 된 것이다. 실력 있고 열정적인 교수로서의 학교생활, 다정다감한 가장으로서의 가정생활, 실천적 목자이자 신도로서의 신앙생활을 성공적으로 해 나가고 있는 장 교수 덕에 생면부지의 땅 스틸워터에서 이제 막 시작된 가을과 함께 행복한 나날을 보내게 된 것이다.

남을 돕는다는 것. 특히 해외에서 조건 없이 동포를 돕는 일은 아무나 할 수 없다. 평소 닦아 온 신앙의 힘과 '사랑의 정신'이 아니라면, 어찌 그런 일이 가능하겠는가.

빛나는 한국학생 브라이언

나이가 들어가면서 젊은이들이 눈에 들어오기 시작했다. 한창 내 자식들을 키울 때엔 그 녀석들을 지켜보는 것만으로도 시야가 모자랐는데, 이제 웬만큼 '홀로서기'들을 했다고 생각되면서 내 눈에 다른 아이들이 보이기 시작한 것이다. 강의실에서도 학생들은 두 가지 모습으로 내 시야에 들어온다. 요즘 들어 부쩍 남학생들은 아들로, 여학생들은 딸이나 며느리로 바꾸어 생각해보는 경우가 잦아졌다. 운 좋게도 나는 지금까지 학생들을 만나면서 거의 '저런 학생을 아들이나 딸로 둔 부모는 참 좋겠구나!', '저런 아이는 며느리 감으로 딱인데!', '참 잘 키웠구나!' 등의 생각만을 갖게 되었으니, 진짜 행운이라고 할 수 있다. 자랑스럽게도 이처럼 내 주변에는 '반듯하면서도 이쁘고 착한' 학생들뿐이다.

잠시라도 해외에 나가 산다는 것은 '가슴 설레는 일'인 동시에 잘 몰라서 '불안한 일'일 수도 있다. 미국 내의 연구기관을 오클라호마 주립대학으로 결정하고 대부분의 중요한 서류작업들을 끝낸 뒤에야 비로소 우리가 이곳에 대해 몰라도 너무 모른다는 점을 깨닫게 되었다. 대학의 학장, 학과장, 외국인 학자 관리처, 주택 관리처, 풀브라이트(미국 본부 및 한미교육위원단), 대사관 등 우리가 접촉한 기관이나 부서들 모두 공적인 업무 상대들일 뿐이었다. 친척이나 친구 등 좀 더 사적이면서도 내밀한 물음을 던질 수 있는 상대는 아무도 없었다.

답답한 나머지 사이트를 뒤지다가 이곳 대학의 한인학생회를 발견했고, 궁여지책으로 회장에게 이메일을 보냈으나 답장이 없어서 부득이 부회장에게 이메일을 보내게 되었다. 그러자 득달같이 생동감 넘치는 문체의 영문 답신메일이 날아왔다. 그가 바로 'Hyunjun Brian Choi'였다. 어린 시절 이곳에 왔기 때문에 한글을 쓰는 것보다 영문을 쓰는 것이 훨씬 자연스럽고 편하여 영문으로 이메일을 쓰게 되었노라는 해명까지 덧붙여가며 이곳 생활의 이면들을 자세하게 적어 보내준 것이었다. 참으로 예의 바르고 의젓하면서도 주도면밀한 그의 이메일을 받아보곤 호기심이 생겼다. '한인 학생회'의 부회장이라니, 대학원생쯤 될 것이라는 짐작만 할 뿐이었다. 몇 번 오고 간 그와의 메일 연락 덕에 한결 가벼운 마음으로 이곳에 올 수 있었다.

와 보니 정착이 쉽지 않았다. 시차 적응이 어려워 눈꺼풀은 스르르 내려앉는데 시장엔 가야하고, 시장엘 가려면 차가 있어야 하는데, 차를 사는 절차가 보통 일이 아니었다. 그에게 이메일을 보내자 또 자세한 이메일을 보내왔다. 그의 이메일을 통해 연결된 분이 바로 기계공학과의 장영배 교수였다. 장 교수의 호의로 우리는 나머지 정착과정을 순조롭게 마칠 수 있었다.

그런 다음 브라이언을 집으로 불렀다. 아직 차를 구입하기 전이었다. 시장을 가야 하는데 방법이 없다고 하자 강의가 끝나는 즉시 친구의 차를 빌려 몰고 부랴부랴 와 주었다. 놀랍게도 그는 앳된 학부 3학년생이었다! 첫 인상이 착하고 성실했다. 말을 시켜보니 의젓하고 생각 또한 깊었다. LA에 있는 명문 고등학교를 마친 다음 대학의 수학 기간을 단축하려는 계획을 갖고 이 학교 경제

브라이언의 졸업축하 파티를 마치고 그의 부모님과 함께

학과에 입학한 그였다. 벌써 1년 반이란 기간을 단축했단다. 학부를 졸업한 뒤에는 로스쿨에 진학하여 국제변호사(아마 경제 전문 변호사가 목표인 듯했다)로 활약하려는 꿈을 갖고 있었다. 이미 한국의 유수한 로펌에서 인턴의 경력도 쌓아놓았다고 했다. 매학기 학점을 초과 이수하면서도 아주 좋은 성적을 올리고 있는 그였다. 예컨대, 상위 10% 이내의 학생들만 가입할 수 있는 'National Society of Collegiate Scholars', 'Phi Eta Sigma', 'Golden Key International Honor Society' 등의 멤버로 활약하는 것만 보아도 그의 출중한 능력은 인정할 만 했다. 그 뿐 아니라 2012년에는 'Baugh, Russell, and Florence' 장학금을 받았고, 2012년 봄 학기, 2013년 봄·여름 학기에는 우등생으로 학장의 상을 받았으며, 2012년에는 총장으로부터 우등상장을 받기도 했다.

＊

나는 해외에서 빛나는 우리 학생들을 만날 때마다, 나라의 밝은 미래를 보게 된다. 물론 국내에서 두각을 나타내는 일도 중요하고 어렵다. 그러나 낯설고 물 선 해외에서 외국 학생들과 경쟁하여 앞서나가는 일은 더욱 어렵다. 어머니의 젖과 함께 물려받은 모어(mother tongue) 사용자들을 능가하는 실력을 발휘하는 일이 어찌 쉽겠는가. 영어를 모어로 사용하는 아이들과 경쟁하여 그들을 이기기 위해서는 그들보다 몇 배의 노력이 필요할 것인즉, 그 나이 또래에 누구나 맞이하는 '질풍과 노도', 내부의 욕망과 외부로부터 밀려드는 유혹들을 억누르거나 물리치고 시시각각 침투하는 외로움과 맞서가며 자신을 제어한다는 것이 어찌 쉽겠는가. 브라이언이 풍겨내는 담담한 내면을 통해 나는 범상치 않을 그의 부모를 떠올리게 되었고, 그의 빛나는 미래를 점치게 되었다. 브라이트(bright) 브라이언 만세!!!

한반도에 관심이 큰 소련 역사 전문가 림멜 교수

미국에 있는 동안 꽤 많은 미국의 지식인들을 만났다. 주로 교수나 강사, 박물관의 큐레이터들, 박사과정에 있는 학생 등인데, 그 가운데는 오가는 도중 우연히 만나는 사람들도 있었고, 일부러 연락하여 만나게 된 사람들도 있었다. 그 가운데 체류기간 내내 비교적 자주 만난 사람들도 여러 명이었다. 한국도 마찬가지지만, 대부분의 미국 지식인들이 타인들 특히 외국인들을 낯설어 하며 자신들만의 울타리에 갇혀 지내는 것 같은데, 알고 보면 그렇지 않은 경우도 적지 않다. 자신의 전공을 통해 얻은 통찰력으로 남을 이해하기도 하고, 남에 대한 관심이나 이해를 통해 전공에서 만난 문제들을 풀기도 한다.

12월 중순의 어느 날 점심시간. 브레이크 룸에서 커피를 데우고 있는데, 평소 눈인사 정도를 나누던 여 교수 한 분이 반갑게 인사를 건네며 말을 걸어왔다. 며칠 전 PBS에서 방영된 '비밀의 국가 북한(Secret State of North Korea)'란 다큐멘터리를 보았느냐고 물었다. 그 순간 나는 참으로 많이 부끄러워졌다. 방영된다는 소식을 뉴스로 듣긴 했으나 까맣게 잊고 있었던 것이다. '동족의 끔찍한 참상들이 미국인들의 눈앞에 발가벗겨진 채 드러난 모양이구나!' 집에 돌아가자마자 포털사이트에서 그 방송을 확인했고, 며칠 후에는 다운로드해서 직

연구실에서, 림멜 교수

접 보기도 했다.

내가 알고 있거나 짐작하고 있는 사실들의 반복에 불과했지만, 미국인들에 겐 충격으로 다가왔을 내용이었다. 특히 군사조직에 가까울 정도의 병영국가 체제, 대한민국과 미국을 주된 표적으로 무력을 앞세운 협박, 몽땅 쇼 윈도우 의 컨셉으로 꾸며진 평양, 비참하고 끔찍한 정치범 수용소들, 살아남을 힘마저 상실한 아이들과 일반국민들의 참상 등. 내게 북한의 현실을 일깨워 준 림멜 교수(Dr. Lesley A. Rimmel)에게 달리 할 말은 없었으나, 그렇다고 가만히 있을 순 없었다. 그녀를 만나 남한 사람들의 입장을 말하지 않으면 내 자존심이 허 락지 않을 것 같았다. 오늘 드디어 림멜 교수의 연구실에서 장시간 만나 한반 도의 현실을 설명하고, 그녀의 관심사에 관해 대화를 나누었다.

내 판단에 림멜 교수는 '자신의 전공을 통해 얻은 통찰력으로 남을 이해하 게 된' 대표적 미국 지식인이었다. 명문 예일 대학 역사과를 우등으로 졸업 한 그녀는 이듬 해 '국제 교육 교류 위원회(Council on International Educational Exchange)'에 의해 장학금 수혜자로 선발되어 레닌그라드 주립대학(Leningrad State University)에서 '러시아어 프로그램'을 이수했으며, 컬럼비아 대학교에서 석사학위를, 펜실베이니아 대학교에서 '키로프(Kirov) 살해와 소비에트 사회: 1934-35년 레닌그라드에서의 선전과 여론(The Kirov Murder and Soviet Society: Propaganda and Popular Opinion in Leningrad, 1934-35)'이라는 논문으로 박사학위를 받은 수재였다.

1995-96년에는 펜실베이니아 대학에서 강사로 재직했고, 1998년 가을학기부터 이곳 OSU에 자리를 잡고 주로 러시아 · 중앙아시아 · 근대 유럽을 중심으로 하는 과목들을 강의해 왔으며, 20여 종에 가까운 수상 및 그랜트(Grant) 수혜 경력을 갖고 있는 탁월한 교수임을 최근에서야 알게 되었다. 그 가운데는 풀브라이트(1991-92), 앨리스 폴 어워드(Alice Paul Award/1991), 국제연구교류재단 기금(International Research and Exchanges Board Grant/1991-92) 등을 비롯, 일일이 헤아리기 어려울 정도로 많은 수혜를 받은 학자임을 확인하게 되었다. 그녀의 주된 관심사는 스탈린 시대 소련 역사에서 '통치체제를 유지하기 위한 수단으로서의 폭력'이었고, 전쟁을 비롯한 집단 폭력이나 지하경제와 같은 국제적 기층민중의 현실 등에도 진지한 관심을 기울여 왔다.

그렇다면 그녀는 왜 북한사회를 중심으로 하는 한국의 현실에 관심을 갖는 걸까. 북한 얘기를 꺼내자 그녀는 김정은을 입에 올리며 스탈린보다 훨씬 잔인한 그의 성격을 강하게 비판했다. 이야기 도중 책장 위에 올려놓았던 스탈린의 '배불뚝이 동상'을 꺼내더니 '김일성-김정일-김정은'의 체형(體形)이 스탈린과 똑같지 않으냐고 내게 물었다. 국민들을 배고프고 괴롭게 하면서 자신의 배를 불린 '전형적인 독재자의 모습'을 스탈린에게서 찾을 수 있고, 한반도의 김씨 3대는 바로 그 아류라는 것이었다. 말하자면 스탈린 시대를 중심으로 러시아 역사를 긴 세월 연구해 온 그녀로서 '국민 착취 및 학대의 전형적인 독재자'로 스탈린을 꼽은 것은 당연한 일이었지만, 체형과 인간성의 유사성까지 들면서 김씨 3대를 스탈린보다 더 잔인하고 독한 인물들로 규정하고 있는 점은 흥미로웠다. 그나마 스탈린은 자기 당대에 끝이 났지만, 김씨 왕조는 대물림을 하고 있으므로 훨씬 지독한 인물들이라는 것이었다. 그러고 보니 스탈린이나 김씨 3대 등 '배불뚝이 독재자들'을 '주민을 학대하고 착취하는 악마적 지도자'의 시각적 상징으로 해석할 수도 있음을 그녀의 설명으로 깨달을 수 있었다. 스탈린의 독재가 결국 소련 해체의 단서로 작용한 것처럼 그보다 더 잔인한 모습으로 한반도 북쪽에 군림하고 있는 김씨 3대 특히 김정은의 폭력성이 조만간 그들 체제의 전복으로 이어질 수 있다고 보는 것이 그녀의 관점이었다.

주변에 입양된 한국의 고아들을 언급함으로써 나를 부끄럽게 했지만, 이내 한국인 친구들이나 한국과의 친분을 강조함으로써 나로 하여금 친밀감을 갖게 한 그녀. 그러나 잠시 후 그녀는 삼성·현대·기아·엘지·대한항공 등 미국을 비롯한 세계에서 두각을 나타내고 있는 한국의 기업들을 죽 나열하고 그들의 장점까지 거론했으며, 자신이 사용하고 있는 삼성 폰을 보여주기도 했다. 그 뿐인가. 한국의 박정희·전두환 대통령을 독재자로, 김영삼·김대중 대통령을 민주주의 정착기의 대통령으로, 그 사이에 있는 노태우 대통령을 과도기로 각각 규정하는 등 한국 대통령들의 이름과 공적을 꿰고 있었으며, 반기문 총장, 김용 세계은행 총재 등 세계에서 활약하는 한국인 명사들의 이름을 줄줄 외움으로써 한국인인 나를 적잖이 놀라게 했다.

상당수의 한국인들은 산업화의 결정적 초석을 놓은 박정희 대통령을 존경하고 있으며, 그 여파로 박근혜 대통령도 정계의 전면에 등장할 수 있었다고 내가 설명하자 그 말을 수긍하면서 박근혜 대통령에 대해 물어왔다. 세대에 따라 약간씩 차이는 있지만, 전체적으로 믿음직하다는 평가를 받아 비교적 높은 지지를 받고 있다고 말하자, 동북아시아의 큰 나라들이나 미국도 내지 못한 여성 대통령을 선출했다는 점과 함께 여성의 리더십이 나라를 흥하게 하는 선례를 한국이 만들 것이라는 고무적 관측까지 내놓는 것이었다. 북한이 매우 폭력적으로 나오는 것도 국제사회에서 보여주는 한국의 다양한 활약이나 선전(善戰)

에 불쾌감을 느끼는 데 큰 원인이 있을 수 있다는 그 나름의 분석을 보여주기도 했다.

***

학자로서 자신이 전공한 학문을 바탕으로 현존하는 체제의 미래를 예측하는 것만큼 신나는 일은 없을 것이다. 걸출했던 역사철학자 E. H. 카는 '역사가와 사실 사이의 상호작용' 즉 '과거와 현재의 부단한 대화'가 역사라고 했다. 그 대화는 역사적 사실에 대한 역사가의 온당한 해석 행위이고, 그런 해석을 통해 역사의 객관성은 확보될 수 있다고 본 것이다. 스탈린 시대에 생겨난 역사적 사건들의 해석을 통해 단순히 그 시대의 성격 규명에나 그치고 만다면, 그것을 진정한 역사가의 안목이라고 할 수는 없다. 그런 점에서 한국인 학자를 만나자마자 북한을 지배하고 있는 김씨 3대 혹은 북한의 미래까지 내다보는 통찰을 림멜 교수는 내게 보여준 것이리라. 여지없이 엄정한 시각을 실제로 존재했던 역사적 사실들의 해석에서 얻어내는 존재들이라는 점에서 제대로 된 역사학자들을 만나는 일이 내겐 큰 즐거움이고, 그 즐거움을 림멜 교수와의 만남에서도 확인할 수 있었다.

탁월한 젊은 영어 교육자 제이슨 컬프(Jason Culp)

오클라호마에 첫발을 내디딘 2013년 8월 27일 저녁. 이미 어둑발이 내리기 시작한 저녁 일곱 시쯤 숙소인 대학 아파트 '윌리엄스(Williams)'에 도착했다. 평화로운 초원 위에 조용히 앉아 있는, 그림 같은 아파트였다. 아파트 관리소 FRC(Family Resources Center)의 사무실을 찾아가니 훤칠한 '훈남' 한 사람이 친절하게 우리를 안내했다. 나중에 그가 우리 아파트의 위층에 사는 OSU 대학원생 제이슨임을 알게 되었다. 그는 초등학교 교사인 아내와 함께 그 아파트에 살며 FRC에서 파트 타임으로 일하고 있었다.

제이슨 부부와 식사를 마치고

우리는 종종 그를 만났다. 아파트에 문제가 생겨도, 우편물이나 택배 수령에 문제가 있어도, 우리는 그를 불렀다. 학교에서도 내 연구실에서도 나는 그와 자주 만나 스스럼없이 대화를 나누는 사이가 되었다. 실제 나이를 가늠할 수 없는 게 미국인들인데, 나이 차이에도 불구하고 동등한 입장에서 교제할 수 있는 상대가 미국인들이기도 했다. 그와 친구로 만나면서 나는 자연스럽게 한국문화와 한국인들의 삶을 말해주었고, 그는 그간 우리가 모르고 있던 남부 미국인들의 삶과 의식을 설명해주었다.

그와 만나는 과정에서 그가 TESOL(Teaching English to Speakers of Other Language/외국어 사용자들을 위한 영어 교육)을 전공한다는 사실을 알게 되었고, 그의 영어가 매우 명료하면서도 정확하다는 점을 깨닫게 되었다. 한국 사람들이라고 모두 표준 한국말을 '명료하고 정확하게' 구사하지는 못하듯, 미국 사람들이라고 모두 표준 영어를 구사하지는 못한다는 사실을 나는 이미 알고 있었다. 영어만으로 분류할 경우 미국에서 만난 미국인들은 대충 네 부류로 나뉘었다. 짤막하면서도 느릿느릿한 영어로 상대방을 편안하게 해 주는 어른들, 진한 사투리 억양으로 상대방을 갸웃거리게 만드는 사람들, 입에 오토바이 엔진을 단 듯 숨넘어가게 지껄여대는 학생들과 젊은이들, 제이슨처럼 교과서적인 영어로 호감을 주는 소수의 지식인들. 가끔 방송에서 목격하는 오바마 대통령, 전 국무장관 힐러리 클린턴, 현 백악관 대변인과 미 국무성 대변인 등의 대중 스피치를 통해 미국 지도자들이나 상류층의 덕목 가운데 '언어의 명료성과 모범성'이 큰 자리를 차지한다는 사실을 알게 되었고, 제이슨에게서 그런 스피치의 전형을 확인하게 된 것이었다.

제이슨 컬프(Jason Culp)

지금 한국에는 많은 원어민 영어교사들이 활약하고 있다. 모두 훌륭한 자질을 갖춘 사람들이지만, 각기 다른 그들의 특징과 개성을 뛰어 넘는 '표준성과 모범성'을 제이슨에게서 발견했다. 흡사 입술과 내면에 부드러운 모터(motor)를 달아놓은 듯, 그에게선 늘 명료하고 기분 좋은 영어가 솔솔 흘러나오는 것이었다. '이런 사람이 우리나라의 대학이나 공공기관에서 한국인들에게 영어를 가르칠 수만 있다면 얼마나 좋을까?' 하는 생각을 늘 갖게 하는 그였다. 그 역시 한국 같은 나라에 나가 영어를 가르칠 수 있기를 바라는, 간절한 마음을 갖고 있었다.

제이슨 부부와 식사를 함께 한다거나 차를 마시면서, 풋볼 경기를 관람하면서, 새로 태어난 아기를 축하하기 위해 그의 집을 방문하면서, 우리는 우리들 사이에 개재하는 문화의 차이를 초월하여 상통하는 동질성을 발견할 수 있었다. 다름을 넘어 같음을 확인할 수 있게 하는 힘은 바로 언어로부터 나왔다. 대화를 통해 서로의 다름을 '평평하게 만드는 것'이 바로 소통의 힘이었다. 우리는 그와 그의 가족을 만나면서 미국 체류 기간 내내 행복했다. 타향에서 마음을 주고받을 수 있는 친구가 이웃에 살고 있는 것처럼 든든한 일이 어디에 있을까. 비록 나이는 어렸지만, 지구촌에 대하여 그가 갖고 있던 식견만은 어느 기성세대보다 월등했다. 그리고 글로벌화 된 세계에서 좀 더 멋진 삶을 살기 위해 우리가 갖추어야 할 조건들은 무엇인지 분명히 깨닫게 해준 그였다. 조만간 한국에서 그를 만날 수 있게 되길 기대하면서, 그들과의 행복했던 몇 개월을 회상해보는 요즈음이다.

역사학의 새로운 분야를 개척해온 프레너 교수

연구실에서, 프레너 교수

올해(2014) 2월로 접어든 어느 날 오후. 미소가 멋진 중년 신사 한 분이 연구실 문을 두드렸다. 자신을 '역사학과의 프레너 교수(Dr. Brian Frehner)'라고 소개했지만, 처음 보는 인물이었다. 알고 본즉 그는 지난 해 연구년으로 학교를 비운 상태였고, 나는 작년 8월말에야 OSU에 입성했으므로 만날 기회가 없었던 것이다. '풀브라이트 방문학자'라는 내 연구실의 문패에 호기심을 가진 것 같았는데, 말을 나누는 도중 내가 한국에서 왔다고 하니 더욱 큰 흥미를 갖는 것이었다. 떠날 날에 임박해서야 만난 점에 대하여 그 또한 애석해 했다.

그러나 무엇보다 내가 그에게 흥미를 느낀 것은 그의 전공이었다. 그의 말을 듣고 나서 나름대로 생각해보니, 그의 전공은 크게 보아 '에너지사(史)', 좁히면 '에너지 개발 및 이용사', 더 좁히면 '에너지 개발과 그것을 둘러싼 환경 등 사회문제사'로 정리될 수 있을 것 같았다. 그러고 보면 그의 전공은 오클라호마 주에서 매우 중요한 의미를 갖고 있었다. 비록 강제이주를 당한 처지였지만, 주로 인디언들이 차지하고 있는 대평원 오클라호마 주는 어딜 가나 원유와 천연가스가 생산되는 천혜의 땅이었다. 오클라호마 번영의 역사는 석유 등 천연자원 개발과 맥을 같이 해왔다고 할 수 있었다.

그런 문제들을 역사학의 관점에서 다루는 학자가 있으리라고는 꿈에도 생각지 못한 나였다. 그저 '한국사/동양사/서양사' 혹은 '고대사/중세사/근·현대사' 쯤으로 나누어 전공하고 가르치는 게 전부라고 생각해온 것이 한국의 역사학계나 내 의식 수준의 현주소였던 것이다. 물론 어느 분야든 역사가 있기 마련이고, 역사학으로 수렴되는 모든 부분들이 인문학의 범주임은 분명하지만, '에너지 개발의 역사'가 어엿한 학문 테마로 정립되어 있으리라고는 전혀 예상하지 못한 나였다. 그렇게 프레너 교수를 OSU의 한켠에서 만나게 되었다.

그의 학문적 관심을 정확히 짚어내어 나열하면, '1860년~1945년 미국/미국의 서부/환경/기술/공공분야'로 집약될 수 있었다. 그는

프레너 교수의 최근 저서들

UCLA에서 학부를, 라스베가스의 네바다 대학에서 석사학위를, OSU에서 박사학위를 받는데, 그 매력적인 박사학위 논문의 테마가 바로 "크리칼러지(Creekology)(즉 '석유 탐사학')에서 지질학(Geology)으로: 1860년~1930년까지 남부 대평원에서의 석유 탐사와 보호"였다. 캘리포니아에서 출발하여 애리조나를 거쳐 오클라호마에 정착을 본 그의 지적 탐구 여행이야말로 흡사 대평원에서 석유를 탐사하듯 진행되어 온 것이나 아닐까.

얼마나 많은 역사학의 테마들이 존재해왔고, 앞으로 얼마나 많은 역사학의 새로운 테마들이 개발될 것인가. '역사란 본질적으로 과거의 사건을 현재의 눈과 관점으로 보는데서 성립하며 역사가의 임무는 기록이 아닌 가치의 재평가에 있다'는 크로체의 생각을 사건들의 해석이나 역사기술의 대전제로 삼은 E.H. Carr가 자신 있게 내세운 것처럼 '역사란 역사가와 사실 사이의 상호작용의 부단한 과정이며 현재와 과거 사이의 끊임없는 대화'라고 한다면, 역사학이란 앞으로도 지식사회의 마를 수 없는 오아시스일 수밖에 없지 않겠는가.

프레너 교수는 흡사 살아있는 현장에서 꿈틀거리는 노다지를 잡은 사람처럼 보였다. 바이슨 떼가 밟고 지나가는 대초원의 한복판에서 오일펌프가 끄덕거리며 기름을 퍼 올리는 오클라호마의 풍경을 보면서도 그것들에 관한 역사적 상상력을 펼치지 않을 역사학도나 인문학도는 없으리라. 그런 점에서 프레너 교수는 자부심 강한 행운아였다.

그는 최근 들어 『석유의 발견: 1859-1920 석유 지질학의 본질』, 『인디언과 에너지: 미국 남서부의 개발과 기회』, 『라스베가스에서 주스 짜기: 미국 소도시의 성장에 대한 소견들』 등 주목할 만한 저서들과 많은 논문들을 발표함으로써 학계의 주목을 받아온, 탁월한 학자였다. 그런 업적들을 바탕으로 여러 건의 학술상과 연구비 수혜를 받았으며, 많은 학생들이 그를 따라 면학의 열기를 분출하고 있었다.

***

프레너 교수를 만나 이런 저런 이야기들을 나누면서 이제 우리도 화석처럼 굳어진 대학의 전공체계를 유연화시켜 시의적절하고 지역 친화적인 분야들을 연구하고 강의하는 체제로 바꿀 필요가 있음을 비로소 깨닫게 되었다. 우리가 언제부터 20세기 중반에 구축한 패러다임을 21세기 한복판으로까지 지속시키려는 배짱을 갖게 되었는지 알 수가 없다. 학자들은 입만 열면 '전공영역의 정체성(identity)'을 강조하지만, 그건 강한 '울타리에 대한 집착이나 미련'에 불과하다는 점을 프레너 교수를 만나면서 깨닫게 되었다. 바야흐로 '다원화되고 있는 우리네 삶을 어떻게 학문체계 속으로 끌어들일 수 있을까'를 고민할 때가 된 것이다.

아름다운 자연, 그 고요와 평온

아름다운 자연, 그 고요와 평온

부머(Boomer) 호수에서 찾은 마음의 고요

잠시 머물다 떠나온 스틸워터는 말 그대로 낙원 같은 곳이었다. 앞의 글 어디에선가 '스틸워터'의 어원을 밝힌 바 있지만, 말 그대로 '고요한 물' 그 자체였다. 맑은 공기, 녹색 풀과 나무, 알록달록한 꽃들, 자유롭게 날아다니는 갖가지 새들, 기분 좋은 촉감으로 끊임없이 스쳐가는 바람, 그리 많지 않은 사람들, 차량 대수에 비해 아주 넓은 도로, 나지막하고 예쁜 집들… 집의 출입문을 닫으면 심심산골의 절간이요, 문을 열고나서면 한적한 시골 마을의 확대판이었다.

특히 우리를 매료시킨 두 가지가 이곳에 있었다. 첫째는 숙소를 나와 도보로 500m만 걸어가면 총 길이 5km 남짓의 크로스 컨트리 코스(cross country course)가 있는데, OSU가 소유한 공인 경기장이자 주민들의 산책코스였다. 울창한 숲과 목초지, 목장을 뚫고 구불구불 이어진 낭만의 오솔길이었다. 둘째는 자동차로 10분 거리의 부머 호수. 스틸워터의 북쪽 면을 접한 아름다운 호수였다. 여러 나라에서 호수들을 구경했지만, 스위스 베른의 시가지에 거울같이 고여 있던 호수를 제외하곤 아직 부머 만한 곳을 기억하지 못한다. 더군다나 그것은 인공 호수였다!

부머호수 조성 기념비

그런데, 왜 '부머(Boomer)'일까. 오클라호마 사람들은 이주해 온 시기에 따라 '수너(Sooners)'와 '부머(Boomers)'로 불렸다. 그로버 클리블랜드(Grover Cleveland) 대통령이 1889년 '인디언 세출법안'에 서명함으로써 지금 오클라호마 지역인 '양도되지 않은 땅들(Unassigned Lands)'을 (백인)정착민들에게 개방하려 했는데, 대통령의 서명 직전 그 지역들에 들어가고자 시도한 미합중국 남부 정착민들이 있었다. 그들이 바로 '부머들'이었고, 그들보다 10년 정도 먼저 들어간 사람들이 '수너들'이었다. 먼저 자리를 잡은 인디언들과 함께 그 두 종류의 백인들이 오클라호마 주민을 형성한 것이었다.

스틸워터에 인공 호수를 조성하고 '부머 레이크'라 호칭한 것은 그들이 아끼는 이 지역의 보물에 자신들의 역사성을 담아 놓으려는 욕망 때문이었으리라. 어쨌든 스틸워터 사람들은 부머 호수를 사랑하고 있었다. 틈나는 대로 호숫가를 걷거나 달리고 자전거 페달도 열심히 밟았다. 낚싯대를 드리우고 시간을 낚는 태공들도 심심찮게 보이고, 물 위를 새까맣게 덮은 새떼를 관찰하는 사람들도 적지 않았다.

OSU 캠퍼스로 날아와 한낮을 보내는 부머호수의 기러기들

OSU의 아름다운 연못 쎄타 폰드(Theta Pond)에는 캐나다 기러기(Canada Goose)들과 오리들이 공존하고 있었다. 캐나다 기러기는 철새인데, 쎄타폰드의 녀석들은 계절이 바뀌어도 고향으로 돌아갈 생각을 하지 않았다. 낙원 같은 그곳을 떠날 생각들을 아예 접어버린 듯 했다. 오후쯤엔 가끔씩 휘익 날아올라 대열을 유지한 채 어디론가 날아가곤 했다. 그러나 다음날 쎄타폰드에 나가보면 그 녀석들은 언제 그랬느냐는 듯 여전히 풀밭을 뒤지고 있었다. 부머 호수에 가보고 나서야 우리는 녀석들이 어디를 다녀오는지 알게 되었다. 쎄타폰드에서 보던 녀석들을 부머 호수에서 만났기 때문이다. 말하자면 부머 호수는 녀석들의 임시 고향 혹은 새로운 정착지인 셈이었다. 유럽의 백인들이 밀고 들어와 인디언들을 몰아내고 이 땅에 정착했듯이. 그곳에는 호수 인근의 여러 지역에서 날아온 캐나다 기러기들이 지천으로 깔려 있었다. 몸집도 크고 생김새도 화려한데, 퍼런 색 똥이 문제였다. 아무데나 갈겨대는 까닭에 포장도로는 퍼렇게 도색되어 있었다. 하루 종일 각자의 영역에 나가 먹이활동을 한 다음, 저녁 무렵이면 부머 호수로 돌아와 가족 친지들과 대화를 나누고 밤을 지내는 모양이었다.

낙조에 물든 부머 호수

1925년에 완공된 부머 호수는 지역 발전소에 냉각수를 공급하기도 하고 시민들에게 오락과 휴식 공간의 역할을 하기도 했다. 표면적 251 에이커(307,224 평), 유역면적 8,954 에이커(10,959,696 평), 호숫가의 길이 8.6 마일(13.76 km), 평균 수심 9.7 피트(2.96 m)로 꽤 큰 규모였다. 부머 호수에 살고 있는 주된 어종은 큰 입 배스(largemouth bass)로서 현재 우리나라 내수면에서 토종물고기들을 멸종시키고 있는 몹쓸 존재들이다. 이외에도 얼룩메기, 넓적머리 메기, 크래피 등이 많이 살고 있었다.

***

물론 흐르는 물도 좋고, 필요하다. 그러나 거울처럼 잔잔하여 마음까지 비춰 볼 만한 호수라면 더할 나위 없을 것이다. 벤치에 앉아 하염없이 새들을 바라보는 노인들, 땅으로 올라온 오리와 기러기들을 아장거리며 쫓아다니는 아가들, 수면에 비친 버드나무를 바라보며 고향을 떠올리는 나그네 백규, 희한하게 생긴 탈 것에 몸을 누인 채 호숫가를 질주하는 장애인 남성, 열심히 달리면서 살을 빼고 있는 젊은 여성들… 모두들 자연의 한 부분이 되어 부머 호수에 안겨 있는 모습. 스틸워터가 낙원인 이유를 여기서 발견할 수 있었다.

리틀 사하라의 한복판

리틀 사하라(Little Sahara)에서 되찾은 고향의 꿈

한정된 주말이나 휴일을 이용한 문화답사는 결코 포기할 수 없는 우리의 특권이다. 그러나 그 일정들이 주로 박물관에 집중되다보니 가끔씩 답답함이 밀려 들기도 했다. 물론 도시와 도시, 박물관과 박물관을 옮겨 다니며 주변에 펼쳐지는 자연이나 도시환경의 변화를 목격하게 되는 것도 사실이다. 지금 우리가 주목하고 있는 오클라호마 서북부는 자연이나 도시환경만으로 보아도 특이한 지역이다. 모처럼 캐나다에 있는 큰 아이가 합류한 며칠 사이에 좀 더 많은 걸 체험해야 한다는 Melani의 강력한 주장을 따르기로 하고, 팬핸들(Panhandle) 지역의 웨이노카(Waynoka)로 향했다.

웨이노카로 가는 길은 멀고도 황량했다. 가도 가도 끝없는 평원의 연속이었다. 저 혼자 끄덕거리며 작업을 하고 있는 사마귀 모양의 오일펌프나 느릿느릿 고개를 들어 낯선 이방인들을 쳐다보는 목장의 검정소들 외에 모든 것이 정지된 침묵의 공간이었다. 도중에 지나치거나 만난 대부분의 도시(도시랄 것도 없는 작은 부락 수준으로 우리로 치면 70년대 면 소재지 정도)들은 이미 많이 퇴락되어 있었다. 사람들은 도시로 떠나고 상가들은 텅텅 비어 있었다. 사람이 떠난 이후 기름기가 빠진 건물들은 초창기 서부영화에서 갱들과 레인저들 사이에 총격전이 벌어지곤 하던 주막집 세트와 흡사했다. 이곳에 그 유명한 사막이 있었다. 이름 하여 'Little Sahara'. 이 지형을 발견한 사람들은 사하라 사막을 떠올렸을 것이다. 미국 땅에도 사막은 많았다. 그러나 우리가 본 대부분 사막들에 풀들은 자라고 있었다. 미국인들은 이곳 빼고 사하라 사막처럼 고운 모래밭이 넓게 펼쳐진 사막을 발견하지 못했을까. 유독 이곳에만 '리틀 사하라'란 이름을 붙였으니 말이다.

오클라호마 주 우드(Woods) 카운티에 속한 1,600 에이커(650ha) 넓이의 리틀 사하라(북위 36도 31분 59초/서경 98도 52분 55초)에 내가 호기심을 갖게 된 데는 특별한 이유가 있었다. 바로 그 옛날의 내 고향에도 '리틀 사하라'가 있었기 때문이다. 내 유년기의 꿈과 상처를 오롯이 받아들여준 그 모래언덕들은 인간들의 탐욕에 철저히 망가져 이젠 단 1%도 그 시절의 모습을 갖고 있지 않다. 리틀 사하라는 과연 어떻게 생겨났고, 어떤 과정을 거쳐 오늘날까지 지탱할 수 있었으며, '잘 노는' 미국인들은 과연 어떻게 이 공간을 활용하고 있는지 아주 많이 궁금했다.

서부 개척시대의 여관 풍으로 지어진 웨이노카 유일의 모텔에 짐을 풀고, 두어 개 있다는 식당 가운데 독일인이 운영한다는 곳으로 갔다. 시내의 상가들은 우리가 거쳐 온 여느 도시들과 마찬가지로 텅 비어 있었다. 식당 가득 독일 냄새가 풍겼다. 아주 오랜 시간이 걸려 주문한 음식이 나오고 나서 주인 겸 셰프가 우리 식탁으로 찾아왔다. 우리가 한국에서 왔다고 하니 특별한 관심을 보이며, 우리의 귀에 대고 신세한탄을 내뱉는다. 이곳에 건너 온지 17년 되었으며, 아직도 독일 국적을 갖고 있노라고, 이곳 사람들(어쩜 그는 미국 사람들 전체를 그렇게 싸잡아 보려는 것 같긴 했지만)이 '바보 같다(idiot!)'고, 귓속말로 속삭이며 답답함을 털어놨다.

그렇게 낡고 퇴락된 분위기의 웨이노카에서 하룻밤을 묵은 다음 아침 일찍 리틀 사하라 탐색에 나섰다. 사하라를 탐색할 수 있는 특수 차량을 대여해 주는 곳은 단 한 집. 그 집에서 ATV(All-Terrain Vehicle)를 빌렸다. 아무리 험한 길도 거뜬히

Melani와 Kyung

갈 수 있고, 넘어지거나 바퀴가 파손될 위험이 전혀 없는, 배기량 700cc의 탱크 같은 4륜구동의 특수차량이었다. 엑셀러레이팅 노즐 스위치를 밀자마자 굉음을 내며 달리는 ATV에 몸을 싣고 우리는 리틀 사하라의 탐사에 나선 것이다. 미루나무(cotton wood)와 유카(yucca)나무들이 군락을 이룬 숲길을 뚫고 지나자 풀 한 포기 보이지 않는 완벽한 사막이 펼쳐졌다. 모래밭에는 이미 많은 사람들이 거쳐 간 듯 ATV의 궤적들이 어지러이 그려져 있고, 모래 언덕을 오르내리며 묘기를 부리는 사람들도 멀리 보였다.

모래 벌을 헤치며 달려 나가자 간간이 오아시스 형태의 웅덩이들이 형성되어 있고, 그 곁엔 이미 죽은 나무의 잔해와 죽어가는 나무 몇 그루가 애처롭게 서 있었다. 죽은 자를 바라보며 자신의 멀지 않은 운명을 절감하는 인간들처럼 그들 역시 순환하는 생명의 법칙을 깨닫고 있는 걸까. 대략 7 미터에서 20여 미터 높이에 달하는 모래 언덕들은 이제 생명 잉태의 가능성을 포기한 듯 ATV들의 딱딱한 바퀴들에 마구 유린되고 있었다. 수천 년 간 바람이 불어 올려 만들어 놓은 모래 언덕은 흡사 솜을 쌓아 놓은 듯 푹푹 빠져 들어갔다. 그 언덕을

리틀 사하라의 작은 오아시스

오르내리며 이미 사라진 고향의 모래언덕들을 떠올렸음은 물론이다. 잘만 보존했다면 멋진 자연유산이 될 수 있었고, 천연 학습장이 될 수 있었을 텐데. 탐욕에 눈 먼 인간의 무지가 없애버리고 만 것이다. 내 고향의 사하라를 말이다.

우리가 굉음을 울리며 오르내리는 이 모래 둔덕도 조만간 사라져 형체를 알아볼 수 없게 될 것이다. 사물의 근저까지 꿰뚫어야 만족하고 마는 너와 나의 호기심은 미래의 삶터로 남겨 둬야 할 자연의 조화까지 무너뜨리고 있는 것 아닌가. 인간의 오만과 이기심이 재앙일 수밖에 없는 것은 바야흐로 무너져 가는 자연을 통해서 알 수 있다. 위대한 자연이 펼쳐진 이곳에서 새삼 옷깃을 여미고, 새삼 내 얕고 가벼운 욕망을 반성해 본다.

대초원(Tall Grass Prairie)에서 멋진 '울음 터'를 발견하고

조선 정조 때 연암 박지원은 중국에 사신으로 가다가 요동벌판을 만나자 "멋진 '울음 터'로다. 크게 한 번 울어볼 만 하도다!"라고 소리쳤다. 『열하일기』의 이른바 '호곡장(好哭場)'이 그것.

"사람들은 오직 슬플 때만 우는 줄 알고, 칠정(七情) 모두에 울 수 있다는
건 모른다네. 기쁨이 사무쳐도 울게 되고, 노여움이 사무쳐도 울게 되고,

대초원(Tall Grass Prairie) 표지판

슬픔이 사무쳐도 울게 되고, 즐거움이 사무쳐도 울게 되고, 사랑이 사무쳐
도 울게 되고, 미움이 사무쳐도 울게 되고, 욕심이 사무쳐도 울게 되지.(…)
울음이란 천지간에 우레와도 같은 것. 지극한 정이 발로되어 나오는 것이
이치에 맞아든다면 울음이나 웃음이나 무엇이 다르겠는가."

그렇다. 기뻐도 슬퍼도 울 수 있는 것은 연암 뿐 아니라 인간이면 누구나 마
찬가지다. 내가 '대초원'을 '울음 터'로 생각한 것은 나의 왜소함을 비웃는 듯한
그 광활함이 첫 번째 이유였고, 허허로운 듯한 외피 속에 그득 담긴 가멸찬 풍
요, 그리고 그로부터 느끼는 우리의 상대적인 빈곤이 둘째 이유였다. 60 나이
가깝도록 손바닥만한 풀밭에서 소꿉장난하듯 살아온 인생의 눈에 광대한 대초
원에서 느끼는 놀라움과 부러움이 바로 내 울음의 근원이었다. 연암도 그랬으
리라. '들판에서 해가 떠서 들판으로 지는' 그 요동벌판을 보며 호연지기(浩然
之氣)를 느끼기도 했겠지만, 그보다는 가난하고 좁디좁은 조선 땅과 백성들을
먼저 생각하지 않았겠는가?

8시에 버스 두 대에 분승한 각국의 풀브라이트 학자들(Fulbright Scholars)들은
털사로부터 2시간여를 달려 드디어 광활한 대초원으로 들어섰다. 작은 키, 중
간키, 큰 키의 각종 풀들이 끝이 보이지 않는 대지에 깔려 있고, 저 멀리 검고
흰 소떼가 대지에 주둥이들을 박은 채 풀 뜯기에 여념이 없었다. 간간이 관목

지대가 보이지 않는 것은 아니었으되, 온통 풀밭이었다. 미국인들이 'Tall Grass Prairie'라고 부르는 자연 초지(草地)였다. 풀만 있는 게 아니었다. 드문드문 오일 펌프들이 끄덕거리며 서 있고, 땅 속에서 퍼낸 원유와 가스를 저장하는 탱크들도 보였다. 말하자면 땅 위에는 달디 단 젖과 고기를 만드는 영양 만점의 풀이 그득하고 땅 밑에는 인류문명을 지탱하는 또 다른 젖인 원유가 고여 있으니, 이 나라는 대체 어찌하여 이런 복을 타고 났단 말인가.

까마득히 넓어 가장자리가 보이지 않는 대초원. 안내자로 나선 자원봉사자의 설명을 들으며 초원 사이로 난 트레일을 느릿느릿 달리는 버스의 창을 통해 그 넓이를 마음으로나 가늠할 뿐이었다.

오세이지 카운티에 속해 있으며, 포허스카(Pawhuska) 다운타운으로부터 근거리에 위치한 대초원. 초원 보호구역으로는 지구상에 남아 있는 가장 큰 역사의 현장이자 유물인 셈이다. 원래 텍사스로부터 마니토바(Manitoba)까지 14개 주의 부분들을 포함하고 있었으나, 도시의 확장과 농지의 전용으로 남아 있는 공간은 원래에 비해 겨우 10% 정도라 한다. 엄청난 크기와 기괴한 표정의 검정소 바이슨(bison)들이 무리를 지어 주인 행세를 하고 있는 생태공간이었다. 오세이지 부족이 이곳을 차지한 것은 행운으로 보였다. 연방 정부의 강압에 의해 허허벌판으로 쫓겨 온 그들이 처음엔 얼마나 황당했겠는가. 까마득한 풀밭에 내던져진 그들의 운명이란! 그러나 바로 그 땅이 '젖과 꿀이 흐르는 복지'였으니, 오세이지 부족에게는 하늘이 내려 준 행운이었던 것이다.

대초원은 1986년 이래 오클라호마의 웅장한 자연경관과 독특한 생물 다양성을 보호하기 위해 활동해 온 미국의 '자연보호단(The Nature Conservancy)'에 의해 지정되었다. 자연보호단의 오클라호마 지부가 총면적 77,000에이커(즉 120평방 마일)에 달하는 12개의 보호구역을 소유하거나 돌보고 있다니 놀라운 일이었다.

대초원에 들어선 우리는 바이슨 순환로(Bison loop)를 만나면서 본격적으로 녀석들의 관찰에 나섰다. 대초원 본부 사무실보다 4~5마일 앞선 지점의 까마득한 벌판에 원형의 트레일로 구획해 놓은 곳이 바로 바이슨 루프였다. 풀이 없는 겨울 동안 녀석들이 먹을 건초 덩어리들을 쌓아놓은 건물이 있었는데, 그 앞마당에 모여 있던 수십 마리의 바이슨들이 우리가 다가오

바이슨의 위용

는 모습을 보곤 길 건너 풀밭으로 슬금슬금 피해가는 것이었다. 어떤 녀석들은 길을 건너가면서도 우리 쪽을 흘끔흘끔 뒤돌아보며 무어라 투덜대는 게 분명했다. 자신들의 영역을 침범한 데 대한 불만이었을 텐데, 만약 우리가 다급하게 뒤쫓았다면 그 무서운 뿔을 곧추 세우고 덤벼들었을 것이다. 그렇게 저 멀리 초원 한복판으로 몰려간 바이슨들은 길게 1자 대형을 유지하며 지평선으로 접근해갔다. 우리의 시야로부터 가물가물 멀어지다가 그들의 대열이 지평선과 합치되면서 우리는 자리를 떴다.

한때 개체 수가 3천만 마리를 웃돌던 바이슨은 대초원의 왕이었다. 어깨 높이 180cm에 1톤이 넘는 체중을 자랑하는 웅장한 체격의 바이슨. 수십 마리에서 수백 마리 규모로 떼를 지어 초원을 배회하는 바이슨은 결코 식물이나 토양을 황폐화 시키지 않는 특징을 갖고 있었다. 적당히 먹고 계속 움직여 뜯어먹은 곳의 식물을 다시 복원시키기 때문이었다. 1800년대 후반에는 1,000 마리도 남지 않아 멸종의 위기에 처해 있었으나, 보호에 힘입어 현재는 약 35만 마리

대초원 한복판에서 풀을 뜯는 바이슨 무리

정도로 불어났다고 한다. 멸종의 위기는 벗어난 셈이고, 약 15,000마리는 미국 내 공공의 땅에서, 나머지는 자연보호단에 의해 각각 관리되고 있었다. 지금 자연보호단은 생태 시스템 복원작업의 한 부분으로 보호구역에 바이슨을 재입식해오고 있는데, 우리를 태운 버스들이 바이슨 루프에서 시속 10마일로 서행한 것도 바이슨에게 충격을 주지 않기 위한 배려였다.

사실 이 지역에 바이슨 만 있는 게 아니었다. 가을이 깊어감에도 야생화들은 화려한 자태를 유지하고 있었으며, 기이한 풀들도 그득했다. 갖가지 새들은 지천으로 날아다니고, 여우나 토끼 같은 작은 동물들도 엄청나게 늘어났다고 했다. 대초원 조성 이후 농약을 사용하지 않아 수질과 토양이 개선되면서 많은 동식물들이 서식할 수 있는 생태환경이 이루어질 수 있었던 것은 이 지역의 유지 · 보존을 위한 결정적 조건이었다.

우리의 산책로는 크로스 컨트리 경기장을 겸한 곳이었다

***

미국이 갖고 있는 그 무엇보다 부러운 공간이 바로 대초원이었다. 끝없이 펼쳐진 평원을 이불처럼 덮은 초지 위를 깨끗한 바람은 웅웅거리며 쓸어가고, 말끔히 정화된 풀을 뜯으며 대자연의 생태를 살려가고 있는 바이슨의 무리는 이 땅의 미래를 상징하고 있었다. 땅과 자연을 파헤치는 방법만으로는 삶의 행복을 지속시킬 수 없다는 계시가 그곳으로부터 전해져 왔다. 대초원의 민낯은 그렇게 나를 감동시켰다.

낙원 속의 산책로: OSU 크로스 컨트리 코스의 안식과 힐링

미국에 머문 지 한 달이나 되었을까. 어느 토요일 아침 늦잠으로 뒤척이고 있는데, 갑자기 문밖이 시끄러워졌다. 절간 같은 곳이라 좀처럼 없는 일이었다. 후다닥 일어나서 문을 열어보니 많은 사람들이 아파트 뒤쪽으로 몰려가고 있었다. 호기심에 대충 아침을 챙겨먹은 우리도 덩달아 따라 나섰다. 날씨는 우중충하고 간간이 빗방울도 떨어졌지만, 사람들은 아랑곳하지 않았다. 도로를 따라 철조망이 쳐 있는 곳이라서 '어느 개인 소유의 땅인가 보다'라고 대수롭지 않게 보아 넘겼는데, 알고 보니 그곳이 바로 OSU의 크로스 컨트리(cross country) 경기장(Campus Recreation North Field)이었다. 더구나 이곳이 미국에서 가장 오래 된 크로스 컨트리 경기가 열리는 곳이기도 하였다. 무엇보다 경기하는 날만 제외하곤 언제나 공개되는 시민들의 산책로라는 사실이 놀라웠다.

전국의 고등학교와 대학교 선수단은 물론 그 가족들, 스틸워터 시민들까지 몰려와 북적거리고 있었다. 경기를 앞두고 선수들이 몸을 풀거나 이마를 맞대고 파이팅을 외치는 열기에 가을비의 찬 기운도 잊을 만 했다. 숲속 잔디와 나무들 사이를 꽉 채우고 있던 깨끗한 정밀(靜謐)이 참으로 오랜만에 젊은 열기로 인해 흩어지는 순간이었다. 숲을 뚫고 지나가는 이곳 경기 코스의 길이는 대략 5km 정도라 하는데, 느낌으로 7km는 족히 되어 보였다. 스타트 지점과 골인 지점이 같은 곳에 있는 점으로 미루어 마라톤과 비슷한 방식인 듯했다. 구경하기에는 크게 재미없는 게임이었지만, 특별히 뒤에 처지는 선수들을 응원하는 사람들의 열기가 대단했다. 게임 방식도 의미도 잘 모르는 우리로서는 이 코스가 바로 환상적인 산책로라는 점에만 관심을 갖기로 했다. 경기가 끝난 다음날 우리는 이 코스로 산책을 나갔다.

맑은 햇볕이 내려 쪼이는 잔디밭 길과 나무껍질을 두껍게 덮은 숲속 길은 촉촉하고 부드러웠다. 몇 번이나 열린 공간과 숲속을 들락거리며 작은 언덕들을 오르내리다가 갑자기 뻥 뚫린 목초지와 목장을 만났고, 멀리에 묵묵히 서 있는 말들도 보았다. 햇볕에 반사된 저 멀리의 지역 발전소는 은빛으로 반짝이고 숲속과 넓은 들판 길로 미니어처 같은 자동차들이 달리고 있었다. 무리무리 온갖 새들은 신비스런 소리로 노래를 부르고 관목과 교목이 빽빽하게 들어찬 숲속

산책로의 시작이자 끝인 이곳 언덕엔 구도자의 모습을 띤 나무가 몇 그루 서 있다

우리의 산책로엔 늘 부드러운 풀들이 지천으로 깔려 있었다

에는 동물들의 발자국들이 어지럽게 널려 있었다. 시민들에게 개방된 산책로라 하나, 하루 산책 두 시간 남짓에 사람을 만나는 경우는 드물었다. 숲속의 적막을 깨는 것은 크고 작은 새소리 뿐. 간혹 마음이 평안한 날에는 나무들의 숨소리까지 들리는 듯 했다. 목초지를 빙 돌아 목책이 둘려 있고, 목책을 따라 나무껍질이나 부스러기들이 깔려 있는 길을 밟아 가노라면 염소 · 오리 · 닭 · 사슴 등을 기르는 농가가 나무들 속에 숨듯이 앉아 있었다. 언젠가는 철망 안쪽에서 어미 염소를 애타게 찾는 새끼염소를 만난 적이 있었다. 내가 염소 엄마의 소리를 내자, 그 녀석이 바로 내 앞으로 쫓아오는 것이었다. 배고픈 녀석이보이지 않는 엄마를 찾아 헤매던 중이었을까. 젖떼기 전의 어린 자식이 엄마에게 매달려 사는 건 사람이나 짐승이나 일반임을 배우는 깨달음의 공간이기도했다. 거기서 몇 발짝만 더 옮기면 캐나다 기러기들이 밤에 날아와 쉬는 공간도 훔쳐 볼 수 있었다. 저녁 무렵 돌아 왔다가 해 뜨면 수백 마리가 함께 날아올라 부머 호수로 가는 모양이었다.

　우리의 산책로는 그런 곳. 말없이 생명이 자라고 세대가 바뀌는 곳이었다. 각자 제 목소리와 모습을 지니고 있으면서도 흡사 누군가 휘두르는 지휘봉에 맞추기라도 하듯 아름다운 화음을 이루는 곳이었다. 숲속 길을 빠져 나오면 비스듬히 올라가는 풀밭 언덕에 언제나 변함없이 한 그루 활엽수가 묵상하듯 서 있었다. 그 나무를 보는 순간이면 늘 지친 가슴에서 밀려나오던 가쁜 숨이 멎고, 거짓말처럼 마음이 고요해졌다. 마치 산책로를 빠져 나온 모든 사람들이 그러리라고 예상이라도 한 것처럼 나무는 늘 빙그레 미소 지으며 서 있었다. 나도 그렇게 서 있고 싶은 마음이 들 정도로 그 나무는 의연하고 평화로웠다. 다시는 만나기 어려울 듯한 10릿길 남짓의 크로스 컨트리 코스 산책로가 우리에겐 또 하나의 보물이었다.

스틸워터와 오클라호마, 그리고 미국을 떠나며

2014년 2월 24일 아침, 오클라호마시티의 '윌 라저스 공항'. 예정 체류기간 6개월을 모두 써버리고, 드디어 스틸워터를 떠나는 순간이었다. 그동안의 추억에 찬 짐들이 자동차 트렁크와 뒷좌석에 그득하건만 마음은 대체로 허했다. 그옛날 유목민들도 그랬을까. 천막을 대충 걷어 말 등에 올려 메우고 정처 없이 또다른 풀밭을 따라 길을 떠나던 그들의 기분이 아마도 그러했을 것이다. 농경 정착민의 후예인 내가 '노마드'라니? 스스로의 몸에서 '노마드'의 애환을 발견하게되는 것은 아무래도 나를 감싸고 있는 시대의 변화 때문이었으리라. 풀이 자라면다시 돌아오겠다는 맹세를, 떠나는 아침이면 그 옛날의 유목민들은 무수히 되뇌었을 것이다. 삶터 앞을 졸졸거리며 흐르는 시냇물을, 천막 주변에서 재잘거리던작은 새들을, 가끔씩 찾아와 기웃거리던 사슴이나 토끼들을, 환하게 미소 짓던꽃들을, 귓가에 스쳐가던 바람결을 어찌 잊을 수 있으랴! 천 년의 세월을 격(隔)한 노마드의 서정이 그 순간 내 마음을 치고 간 것도 그 때문이었다.

스틸워터를 떠나는 그 순간의 기분은 9년 전 중·남부 유럽의 20여개 나라들을 자동차로 돈 뒤, 런던 히드로 공항에서 귀국 비행기에 오르던 그 기분과 동일했다. 아무런 경험이나 정보를 갖고 있지 않았으므로 어느 구석에 위험이 도사리고 있는지 알 수 없었으면서도 타고 난 낙천성과 조심성 하나로 무사히 그 길을 주파(走破)해낸 것처럼, 달력에 하루하루 금을 그어가며 체류해온 오클라호마 주와 스틸워터 역시 까맣게 모르던 공간들이면서도 그다지 숨차 하지 않고 골인 지점에 도착했던 것이다. 처음으로 마주친 중·남부 미국인들의 보수성이 우리가 기대하고 있던 미국인들의 일반적 성향과 상당한 거리가 있다는 점에 머리를 갸웃거렸지만, 그들의 '보수성'이란 '자기표현의 미숙함' 이외의 아무것도 아님을, 나는 그들을 만나는 순간 간파할 수 있었다. 사실 나로선 그게 가장 큰 행운이었다.

풀브라이트 학자로서의 가볍지 않은 사명을 짊어지고 오긴 했지만, 연구 외에 이곳에서 발견한 또 다른 것들이 나를 달뜨게 했다. 오클라호마 사람들과의 만남, 인디언의 역사나 문화와의 만남, 길(특히 Route 66)과의 만남, 아름답고 깨끗한 환경과의 만남 등등. 그러나 무엇보다 소중했던 스틸워터는 문만 닫으면 절간처럼 조용해지는 공간이었다. 맑은 공기 속에 한 발만 나서면 온갖 새와 나무들이 그들먹한 낙원이었다. 그래서 기대 이상의 힐링을 체험하며 마음속의 온갖 찌꺼기들을 날려 버릴 수 있었다. 물론 이곳이라고 어찌 사람들 사이의 갈등과, 그로부터 일어나는 불행들이 없을 수 있을까. 그러나 유목민들이 아름다운 꽃향기와 산토끼의 해맑은 눈빛, 그 지순(至純)한 추억으로 광풍 몰아치던 수많은 밤들의 괴로움을 지우듯, 아름답지 못한 것들을 걸러내는 능력이야말로 지혜로운 인간의 전유물 아닌가. 사실 짧지 않은 6개월 동안 걸러내야 할 단 하나의 '쓸쓸함'도 만나지 못한 나였다.

***

스틸워터에서 화려한 행복보다는 작고 따스하며 담백한 즐거움 속에 거의 완벽한 힐링의 추억을 간직하게 되었으니, 이제 맛있고 영양가 풍부한 풀들이 많이 자라 있기를 기대하며 다시 옛 고향으로 노마드의 소떼를 몰고 재입사(再入社)하기로 한다.

Kyu-Ick Cho and Misook Lim's Essay on Treasure Hunts in Oklahoma, US

Contents

Treasure 2: Indians, Indian History, Indian Culture

Treasure 3: Route 66, an Iconic American Traditional Road

Epilogue: Leaving Stillwater, Oklahoma, and the US

I stayed at Oklahoma State University of the US for six months from Sep. 1, 2013 to Feb. 24, 2014 as a grantee of Fulbright's Senior Research program. It was a fantastic opportunity to improve myself. During these six months, I found some magnificent things in Stillwater: the Indian tribes and their culture, Route 66, simple and kind Southerners, and passionate and challenging university people were the treasures of the region. My mind expanded through meeting with them, and I secured new insights to view the world. Although the period was only six months, I succeeded in getting rid of some prejudices I had held about the region. Above all, the greatest reward of this stay and the trips I took was that I cut out the racism that was firmly entrenched in my mind by talking with and seeing Indians correctly.

On the morning of Feb. 24, 2014, I left from the Will Rogers World Airport in Oklahoma City after spending the whole length of my stay at Stillwater, Oklahoma. Although my bags, loaded with both possessions and memories, were in the trunk and rear seat, I felt empty. Did the nomadic people in old times feel like this? I imagine the feelings of those who traveled long distances routinely loading their tents on the horses' backs were probably like this! Why should I, the descendent of a farming settler, be a nomad? I suppose the reason why I find joys and sorrows in my own mind is the changing things around me. In the morning, when it was time to leave, the nomadic people probably repeated their oath to come back when the grass grew again. Was it easy to forget the stream murmuring in front of their home, tiny birds chattering around tent, deers or rabbits coming and peeping out of bushes, flowers wreathed in smiles, and wind grazing their ears? For that reason, the passion of nomads in the distant past struck my mind.

My feeling at this moment leaving from Stillwater is the same as when I boarded a return flight nine years ago after driving around and exploring more than 20 countries in Europe. At that time I safely covered the whole distance driving the car myself with only optimism and cautiousness, without even knowing where there was danger because I had no information or experience about the region. Despite that lack of knowledge, I succeeded in getting to the finish point without a single mishap. I felt the same feeling in Oklahoma State and Stillwater as they were the places my wife and I didn't know, but we also still succeeded in our journey. Although we looked at each other questioningly when we met the conservatism of South Central Americans, which was considerably different from the inclination of Americans we had anticipated, eventually I learned that their conservatism is just immatureness of self-expression. For me, it was the biggest fortune.

Although I came here on a special mission as a Fulbright scholar, other things besides research intrigued me such as meeting with Oklahomans, Indian history and culture, Route 66, and an ideal environment. Stillwater was worth every penny as a place where it became as still and quiet as a temple only if I closed the door. Stillwater was a paradise full of birds and trees if I took just one step out my door into the clean air. I was able to sweep away all the troubles in my mind and experienced healing beyond expectation there. Of course, how can't there be conflicts among peoples and unhappiness even in this place? However, is the ability to filter out unpleasant things, such as erasing the worry of a blowing gale with the gentlest memory of the fragrance of beautiful flowers and genial eyes of wild rabbits, the exclusive property of wise people? As a matter of fact, in the not short 6 months here, I never encountered a single bitterness. I cherish the complete healing memories in tiny, warm, and clean pleasures rather than glorious happiness in Stillwater, so I am going back to my old home with my nomadic herd, expecting delicious and nutritious grass has sprung up in my absence.

***

I dedicate this book to all Native Americans, Dr. Bret Danilowicz, Dr. Michael F. Logan, Dr. Yongtao Du, Dr. Brian Frehner, Dr. James L. Huston, Mr. Gary Younger, Dr. Emily Graham, Dr. Lesley A. Rimmel, Ms. Susan Oliver, Ms. Diana Fry, Dr. Young-Bae Chang, Dr. Yoon-Jung Cho, Mr. Jason Culp, Mr. Hyunjun Brian Choi, Mr. Clark Frayser, Dr. Ron Bussert, Mr. Lucas Mccamon, Ms. Mackenzie, Dr. Cheryl Matherley, Mr. Richard Cacini, Ms. Flora Fink, Ms. Carol Knuppel, the innumerable Oklahomans who showed us kindness during our trip, and many friendly Koreans and foreigners in Korea who lent me a helping hand privately or publicly including Ms. Jai-Ok Shim, Ms. Boo-Hee Lim, Mr. Nam-Hyung Kim, Dr. Jae-Hoon Cho, Dr. Jae-Young Soh, Dr. Eun-Soo Choi, Dr. Chung-Shin Park, Dr. Kwang-Myong Kim, Dr. Jong-Seong Kim, Dr. Jae-Uk Choo, Dr. Myung-Jae Lee, Dr. Hern-Soo Hahn, Dr. Mee-Yang Choi, Mr. Christopher Linville, Mr. Mata Raka, Mr. Jay Fraser, Dr. Moon-Hyun Koh, Dr. Kyung-Hee Uhm, Dr. Kyung-Jae Lee, Ms. Bong-Sook Hahn, Mr. Sun-Do Kim, Dr. Jae-Kwan Lee, Dr. Young-Moon, Chung, Dr. Sung-Hoon Kim, Dr. Ji-Won Suh, Dr. Yong-Ho Cho, Dr. Sook-Hee Moon, Dr. Myong-Hye Kang, Mr. Sang-Wook Lee, Ms. Hee Moon, Ms. Soon-Bo Choi, Mr. Kyu-Chan Cho, Mr. Jeon-Soo Lim, Dr. Hee-Kyung Kim, Mr. Hyo-Soo Lim, Ms. Geun-Ja Liu, Mr. Ra-Soo Lim, Ms. In-Sook Kim, Dr. Kyung-Hyun Cho, Mr. Won-Jung Cho, Ms. Mi-Eon Kim.

조규익 · 임미숙의 해외문화 답사기 ❷

오클라호마에서 보물찾기

인쇄 · 2014년 10월 25일 | 발행 · 2014년 11월 5일

지은이 · 조규익
펴낸이 · 한봉숙
펴낸곳 · 푸른사상사
주간 · 맹문재 | 편집 · 지순이, 김선도

등록 · 1999년 7월 8일 제2−2876호
주소 · 서울시 중구 충무로 29(초동) 아시아미디어타워 502호
대표전화 · 02) 2268−8706(7) | 팩시밀리 · 02) 2268−8708
이메일 · prun21c@hanmail.net
홈페이지 · http://www.prun21c.com

ⓒ 조규익, 2014

ISBN 979−11−308−0296−1 03810
값 17,500원